AF245453

OPUSCULES

ENTOMOLOGIQUES

PAR

E. MULSANT,

Sous - Bibliothécaire de la ville de Lyon,
Professeur d'Histoire naturelle au Lycée,
Membre de l'Académie des sciences, belles-lettres et arts,
des Sociétés d'Agriculture, Linnéenne, et Littéraire de la même ville ;
Membre honoraire de la Société Entomologique de Stettin,
Correspondant des Sociétés des Sciences de Lille, des Naturalistes de Moscou,
de Halle, de Basle, d'Oldenbourg, etc., etc.

PREMIER CAHIER.

PARIS.

L. MAISON, LIBRAIRE, RUE CHRISTINE, 3.

1852.

OPUSCULES

ENTOMOLOGIQUES.

LYON. — IMPR. DUMOULIN ET RONET, rue Centrale, 20.

OPUSCULES
ENTOMOLOGIQUES

PAR

E. MULSANT,

Sous - Bibliothécaire de la ville de Lyon,
Professeur d'Histoire naturelle au Lycée,
Membre de l'Académie des sciences, belles-lettres et arts,
des Sociétés d'Agriculture, Linnéenne, et Littéraire de la même ville;
Membre honoraire de la Société Entomologique de Stettin,
Correspondant des Sociétés des Sciences de Lille, des Naturalistes de Moscou,
de Halle, de Basle, d'Oldenbourg, etc., etc.

PREMIER CAHIER.

PARIS.

L. MAISON, LIBRAIRE, RUE CHRISTINE, 3.

—

1852.

A MONSIEUR MENOUX,

CONSEILLER A LA COUR D'APPEL DE LYON,

CHEVALIER DE LA LÉGION-D'HONNEUR,

Membre et ancien président de l'Académie des Sciences,
Belles-Lettres et Arts,
Président des Sociétés Littéraire, d'Horticulture, et d'Education
de notre ville, etc.

MONSIEUR,

En vous dédiant le premier cahier de ces Opuscules, publiés déjà
çà et là dans nos Recueils académiques, je pourrais rappeler avec
quelle dignité, quel tact, quel sentiment des convenances, vous
savez présider nos savantes Compagnies; je pourrais énumérer les
nombreux témoignages d'estime que vous ont donnés ces différents
Corps en vous appelant, comme à l'envi, et souvent par des suffrages
unanimes, à diriger leurs travaux; je pourrais surtout parler de

cette intelligence si noble et si active , de ces qualités aimables
et variées qui vous ont valu cet honneur; mais je n'apprendrais
rien à personne : mon seul but est de vous offrir un nouveau
témoignage des sentiments de respect et de dévouement, avec
lesquels

J'ai l'honneur d'être

Votre très-humble serviteur ,

E. MULSANT.

Lyon, le 18 février 1852.

TABLE DES MATIÈRES.

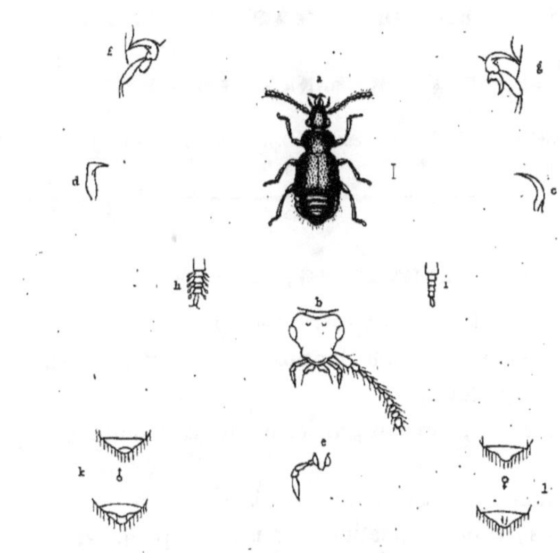

Eugnathus longipalpis.

B

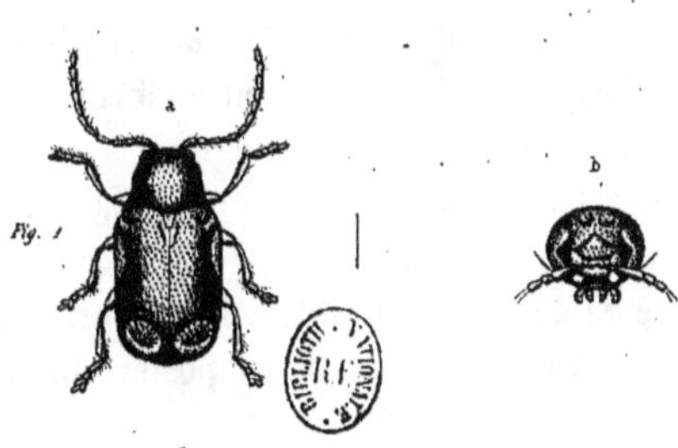

Cryptocephalus lepidus.

Rey Del.

Béchaud Sc.

DESCRIPTION
D'UN COLÉOPTÈRE INÉDIT

CONSTITUANT UN GENRE NOUVEAU

DANS LA TRIBU DES BRACHÉLYTRES,

Par MM. E. MULSANT et Cl. REY.

(Présentée à l'Académie des sciences de Lyon , le 25 mars 1851.)

GENRE **EUGNATHUS** , EUGNATHE (¹).

(Eυ , bien ; γναθος, mandibule).

CARACTÈRES. — *Mandibulae* elongatae, dextrâ falcatâ, sinistrâ abruptè introrsum flexâ.

Palpi maxillares, graciles, articulo ultimo penultimo triplo longiore.

Tibiae tenuiter, praesertim apice, ciliatae.

Tarsi breves, articulis quatuor primis subaequalibus.

Corps oblong ; convexe ; cilié.

Tête proéminente ; en sorte de cône allongé arrondi au sommet et échancré à sa base ; dilatée légèrement en forme de tubercule, vers le point de l'insertion des antennes ; séparée du prothorax par un étranglement ou espèce de cou (fig. b.).

Yeux grands , saillants, ovales.

Ocelles au nombre de deux; peu visibles ; situés vers l'occiput ; aussi distants l'un de l'autre que du bord postéro-interne des yeux (fig. b.).

Labre comme divisé en deux lobes (fig. b.).

Mandibules allongées très-saillantes; la droite en forme de

(¹) Famille des Omaliens.

1

faux très-arquée (fig. c) : la gauche brusquement et presque rectangulairement coudée vers les deux tiers de sa longueur (fig. d).

Palpes maxillaires grêles : à premier article très petit : le
deuxième, allongé, légèrement en massue : le troisième, obconique, deux fois plus petit que le précédent : le quatrième,
fusiforme, acuminé, près de trois fois plus long que le troisième
(fig. e).

Antennes moniliformes, assez courtes ; à premier article
grand, en massue : le deuxième, subglobuleux, un peu plus
étroit, une fois plus court que le premier : le troisième, beaucoup plus grêle que le précédent, obconique : les quatrième à
huitième presque égaux, graduellement plus épais ; les neuvième,
dixième et onzième, sensiblement plus épais que le huitième : les
neuvième et dixième transversaux : le dernier, rhomboïdal, acuminé en dedans, d'un tiers plus grand que le précédent (fig. b).

Prothorax en cœur tronqué, c'est-à-dire élargi en ligne courbe
jusque vers son milieu, rétréci postérieurement.

Ecusson large, triangulaire.

Elytres un peu plus étroites à leur base ; débordant un peu la
poitrine.

Abdomen largement rebordé ; de sept segments visibles chez
le ♂, et de six chez la ♀.

Mesosternum prolongé postérieurement entre les pattes intermédiaires en triangle très-aigu, transversalement déprimé à sa
base, longitudinalement relevé en carène apparente.

Pieds assez courts. Jambes légèrement ciliées, surtout à leur
côté interne et à l'extrémité. Cuisses postérieures insérées sur
un prolongement des hanches : celui-ci, en forme de lame
légèrement incisée vers l'insertion du trochanter (fig. f).

Tarses courts, de la longueur de la moitié des jambes, velus
en dessous : les quatre premiers articles, courts, presque
égaux : le dernier, de la longueur des trois précédents réunis.
Ongles courts.

Obs. L'insecte sur lequel est fondée cette coupe, rappelle le faciès des espèces appartenant aux genres *Chevrieria*, Heer, *Boreaphilus*, Sahlb. , *Coryphium*, Kirby, et de quelques *Omalium*, Gravenh.; mais il offre dans la structure de ses mandibules et de ses palpes des différences caractéristiques très-faciles à saisir.

Eugnathus longipalpis.
(pl. 1, A. a).

Oblongus, convexus, subnitidus, brevissimè parcèque griseo-pubescens, profundè punctatus, abdomine leviore; rufo-ferrugineus, ore, antennis, ano pedibusque pallidioribus; capite oblongo-conico; thorace leviter transverso.

♂. *Tarses antérieurs* légèrement dilatés, ciliés de longs poils épaissis à leur extrémité en forme de spatule (fig. h). Trochanter des pieds postérieurs en croissant oblique, dont les pointes prolongées se recourbent en dessous (fig. g). Sixième segment du dos de l'abdomen échancré et laissant apercevoir le septième. Sixième arceau ventral bissinueux, avec la partie médiaire avancée en espèce de triangle arrondi au sommet. Septième segment abdominal visible (fig. k).

♀ *Tarses antérieurs* non dilatés, ciliés de poils simples (fig. i). Trochanter des pieds postérieurs ovales (fig. f). Septième segment du dos de l'abdomen et septième arceau ventral cachés : le sixième arceau de chaque face, avancé en triangle arrondi : celui de la face inférieure, marqué d'une fossette oblongue (fig. j).

Long 0^m,0022, (1 l.)

Corps oblong; convexe; assez brillant; fortement ponctué; rétréci en avant; garni de poils rares, courts, couchés, grisâtres, plus longs et plus fournis vers l'anus et sur les côtés de l'abdomen. *Tête* de la longueur du prothorax; d'un tiers plus étroite que lui; subconvexe, déclive vers l'épistome : celui-ci muni d'un rebord étroit; à suture frontale sensiblement saillante et anguleuse; rugueusement et fortement marquée de points oblongs, serrés et parfois confluents : ces points, plus ronds, moins forts et moins rapprochés près de la bouche; d'un roux ferrugineux, un peu plus obscure vers le tubercule antennifère. Parties de la bouche d'un roux testacé. Lobes du labre dilatés à leur base en forme d'angle ou de dent, terminés chacun par un long poil. Cou lisse, d'un roux ferrugineux. *Antennes* plus courtes que la tête et le prothorax réunis; pubescentes; d'un roux testacé. *Prothorax* légèrement transversal; convexe; presque aussi large dans son milieu que la base des élytres; tronqué en devant, légèrement en arc dirigé en arrière, à la base; largement arrondi aux angles antérieurs, à angles postérieurs droits; étroitement rebordé sur les côtés et à la base; fortement ponctué, mais d'une manière parcimonieuse sur la partie médiaire postérieure du disque; d'un roux ferrugineux, avec la partie rebordée plus obscure. *Ecusson* d'un noir de poix, lisse. *Elytres* près de deux fois aussi longues que le prothorax; à angle sutural droit, largement arrondies à l'angle postérieur; d'un roux ferrugineux, avec la suture et les rebords étroitement plus obscurs. *Abdomen*, dans sa partie visible en dessus, d'un tiers moins long que les élytres; d'un roux ferrugineux, avec l'extrémité un peu plus claire; bordé sur les côtés et vers l'anus de poils fins et assez longs : les deuxième, troisième et quatrième segments visibles du dos, légèrement ponctués sur les côtés : les cinquième et sixième, presque lisses. *Dessous du corps* fortement ponctué sur les parties pectorales, plus légèrement sur le ventre, avec l'extrémité de celui-ci presque lisse; d'un roux ferrugineux, avec l'anus plus clair. *Pieds* d'un roux testacé.

Cette espèce se trouve dans les montagnes du Lyonnais, sur celles du Pilat, au mont-Dore. Elle est assez commune dans les mousses, à l'ombre.

Obs. Elle a quelque analogie pour le faciès avec l'*Omalium rufulum*, ERICHSON.

DESCRIPTION

DE DEUX ESPÈCES NOUVELLES

DU

GENRE CRYPTOCEPHALUS.

Par E. MULSANT et Cl. REY.

(Présentée à l'Académie des Sciences, belles-lettres et arts de Lyon,
le 20 mai 1851).

Cryptocephalus Mariæ.

*Oblongus subcylindricus, suprà glaber, prothorace punctulato, niger,
margine antico et laterali et maculis duabus submarginalibus et sub-
contiguis, flavo-aurantiacis. Elytris substriatopunctatis, flavis,
suturâ et fasciis duabus interdum abbreviatis aut interruptis, nigris,
primâ subbasali, secundâ post medium. Infrà niger, pedibus
flavis.*

♂ Dernier arceau du ventre sans fossettes apparentes.

♀ Dernier arceau du ventre creusé d'une fossette profonde, presq e en forme d'o gie
occupant à peu près toute la longueur de cet arceau.

Long. 0ᵐ,0042 (1 l. 7/8) larg. 0ᵐ,0030 (1 l. 1/3).

Corps oblong; subsemicylindrique, un peu plus étroit en
devant; glabre et brillant, en dessus. *Tête* inclinée; densement
et assez fortement ponctuée sur l'épistome, plus parcimonieusement sur le front; jaune ou d'un jaune orangé; ornée sur le milieu
du front d'une bande noire interrompue, naissant de l'échancrure
des yeux, transversalement prolongée de chaque côté jusques un

peu après la base des antennes en passant derrière celle-ci ; marquée d'une bande ou ligne de même couleur, naissant du milieu
de la partie postérieure, et longitudinalement prolongée un peu
moins avant que l'espace où la ligne transversale précédente est
interrompue : creusée sous cette ligne d'une raie ou petit sillon (♂)
ou d'une fossette (♀). Parties de la bouche jaunes , avec l'extrémité des mandibules , noire. *Yeux* noirs; sensiblement échancrés.
Antennes presque aussi longuement prolongées que le corps (♂),
ou un peu moins longuement (♀) ; subfiliformes , moins grèles à
partir du sixième article ; garnies de cils fins, assez courts et peu
serrés , subpubescentes en outre dans leur seconde moitié ; jaunes sur les cinq premiers articles, obscures ou d'un brun jaunâtre
sur les autres. *Prothorax* d'un tiers environ moins long qu'il
est large à la base ; rayé ou très-étroitement rebordé et tronqué
en arc assez faible à son bord antérieur, quand l'insecte est vu
perpendiculairement en dessus; sensiblement élargi , et presque
en ligne droite , sur les côtés ; rayé latéralement d'une ligne qui
forme près des angles de devant un rebord moins étroit , non
prolongé ou à peine prolongé jusqu'aux angles postérieurs; obtus
au devant de l'écusson , sinueux entre ce point et chaque angle
postérieur , à la base : ces angles très-prononcés et un peu en
forme de dent dirigée en arrière ; très-convexe en dessus; un peu
arqué longitudinalement ; assez régulièrement marqué de points
sublinéiformes, moins nombreux près des bords latéraux ; noir,
bordé de jaune ou jaune orangé en devant et sur les côtés : la bordure
antérieure , étroite latéralement , élargie en forme d'accolade et
anguleusement dirigée en arrière , dans son milieu où elle égale
du septième à plus du quart de la longueur : chaque bordure
latérale , égale au dixième environ de la largeur près des angles
de devant , subgraduellement un peu rétrécie postérieurement ;
orné de deux taches d'un même jaune ne laissant entre elles sur
la ligne médiane qu'une bande noire assez étroite , séparée de la
base par une bordure noire à peine moins étroite , avancées cha-

cune jusqu'aux trois cinquièmes ou presque jusqu'à la moitié ,
latéralement étendues jusqu'au quart externe ou un peu plus, en
se rétrécissant du côté externe et ordinairement d'une manière
sinueuse à leur bord postérieur. *Ecusson* en triangle tronqué
postérieurement; un peu convexe; parcimonieusement pointillé ;
noir, parfois jaunâtre postérieurement. *Elytres* un peu plus larges
aux épaules que le prothorax à ses angles postérieurs ; deux fois
et demie environ aussi longues que celui-ci; subparallèles, faiblement sinueuses après les épaules , obtusément arrondies
(prises ensemble) à l'extrémité ; émoussées à l'angle sutural ;
convexes; marquées d'une fossette humérale apparente; paraissant
à peine chargées d'un calus postérieur ; marquées près de la suture et du bord externe d'une raie ponctuée, formant à ces parties un léger rebord à peine prolongé jusqu'à la base; notées
chacune de neuf rangées de points peu régulières, naissant un peu
après la base, affaiblies vers l'extrémité; offrant en outre une
rangée juxta-suturale, double après l'écusson , et prolongée jusqu'à la strie suturale avec laquelle elle se confond vers le milieu
de la longueur ; d'un rouge plus pâle ou plus jaune que le pro
thorax; ornées d'une bordure suturale et chacune de deux bandes
transversales, noires : la bordure suturale, ordinairement à peine
plus large en devant que l'écusson , graduellement réduite au rebord postérieurement : la bande antérieure naissant du calus
huméral qu'elle couvre en s'unissant à la base, couvrant au
côté interne du calus la dernière moitié de celui-ci et un espace
égal postérieurement, transversalement prolongée, et en se rétrécissant un peu , jusqu'à la bordure suturale, que parfois elle
n'atteint pas : la bande postérieure , à peine liée au bord externe
vers les deux tiers de la longueur , également prolongée transversalement jusqu'à la suture , en offrant deux dents ou saillies
à son bord antérieur : l'une sur la quatrième rangée de points à
partir de la suture : l'autre, plus avancée et plus obtuse , entre
les sixième et neuvième rangées : cette bande parfois interrompue

entre ces deux dents. *Dessous du corps* noir. *Pieds* d'un jaune roux, avec l'extrémité des cuisses plus claire.

Cette espèce a été trouvée par feu le capitaine Morineau dans les environs de Grenoble ; par M. Wachanru dans ceux de Marseille ; par M. Victor Mulsant, près de Toulon.

Elle peut être placée près du *C. coloratus.*

Nous l'avons dédiée à madame Marie Wachanru, qui s'est acquise une juste réputation par son zèle, sa patience et son habileté dans la recherche des insectes.

Cryptocephalus lepidus.

(pl. 1, b. d).

Oblongus, subcylindricus, suprà glaber, obscure cyaneus, capite maculis tribus parvis anticis, elytris maculis duabus marginalibus flavo-aurantiacis ; fortiter punctatis. Thorace oblongo subconico, antice pulvinato, punctulato, basi oblique impresso. Infrà cyœneo-niger, grisco-pubescens. Pedibus nigro-viridibus.

♀ Dernier arceau ventral creusé d'une fossette profonde, presque en forme d'ogive, occupant presque toute la longueur de cet arceau.

Long. $0^m,0045$ (2 l.) larg. $0^m,0022$ (1 l.)

Corps oblong ; subsemicylindrique, sensiblement plus étroit en devant ; fortement ponctué ; glabre et brillant, en dessus. *Tête* verticale (pl. 1, fig. b) ; d'un bleu ou vert noir ou obscur ; parée entre les antennes d'une tache d'un jaune orangé, sinueuse, parfois réduite à une sorte de point ; ornée, au dessous de l'insertion de chaque antenne, d'un trait de même couleur ; paraissant parfois offrir sur le front, entre les yeux, une sorte d'impression légère en losange transversal ; marquée sur le front de points plus allongés ou moins ronds et un peu moins gros que sur l'épistome. Labre obscur. Mandibules et extrémité du dernier article des palpes, d'un brun rouge. *Yeux* bruns ; sensiblement échancrés. *Antennes* aussi longuement prolongées que la

moitié du corps ; subfiliformes , moins grêles à partir du sixième
article ; pubescentes ; noires , avec l'extrémité du premier article,
les deuxième , troisième , quatrième et une partie au moins du
cinquième , testacés ou d'un roux testacé. *Prothorax* presque en
cône tronqué ou un peu arrondi , en devant ; à peine aussi long
qu'il est large à sa base ; arqué à son bord antérieur , quand
l'insecte est vu perpendiculairement en dessus ; subcomprimé sur
les côtés ; muni latéralement d'un rebord très-étroit près des
angles antérieurs , graduellement moins étroit et un peu relevé près
des postérieurs ; tronqué au devant de l'écusson et sinueux
entre cette partie et chaque angle postérieur , à la base ; ces angles très-prononcés et un peu en forme de dent dirigée en arrière ;
très-convexe en dessus ; subglobuleux en devant ; d'un bleu ou
vert obscur ; marqué de points analogues à ceux du front , mais
un peu moins forts que ceux-ci : ces points moins prononcés et
moins serrés sur le dos que sur les côtés. *Ecusson* en triangle
tronqué postérieurement ; d'un noir bleu ou d'acier ; lisse ,
presque imponctué. *Elytres* un peu moins larges à la base
que les angles postérieurs du prothorax ; deux fois et demie
environ aussi longues que celui-ci ; subparallèles , faiblement
sinueuses après les épaules ; obtusément arrondies (prises
ensemble) postérieurement ; convexes ; marquées d'une fossette
humérale apparente ; chargées postérieurement d'une sorte
de calus à peine saillant ; offrant ordinairement une strie juxta-
suturale , formant un rebord sutural étroit à partir du quart ou
du tiers de leur longueur ; fortement ponctuées , mais plus
faiblement sur le calus postérieur ; d'un bleu moins obscur que
le prothorax ; ornées chacune de deux taches d'un jaune orangé :
la première , marginale , prolongée de l'épaule jusqu'au tiers ou
aux deux cinquièmes de la longueur , couvrant à peine plus du
dixième de la largeur à la base , graduellement moins étroite
postérieurement , obliquement tronquée à l'extrémité : la
deuxième , subapicale , en ovale transversal ou subtriangulaire ,

ne laissant entre elle et les bords externes , postérieur et sutural , qu'une bordure étroite , avancée ordinairement dans sa partie antérieure la plus saillante jusqu'aux quatre cinquièmes ou aux trois quarts de la longueur des élytres. *Dessous du corps* d'un noir bleuâtre ou verdâtre : partie postérieure du métasternum parfois testacée ; finement pubescent ; ruguleusement et assez finement ponctué. Pygidium convexe et rebordé. *Pieds* d'un noir bleuâtre ou verdâtre ; finement pubescents : base des trochanters et des ongles ferrugineux.

Patrie : le Lyonnais ; sur la spargelle (*genista sagittalis* , Linn.).

Obs. Par sa forme générale et par ses antennes , cette espèce semble se placer dans la deuxième division du *G. Cryptocephalus* de M. le docteur Suffrian ; mais le dessus de son corps est dénudé.

OBSERVATIONS

SUR

LE PENTODON MONODON,

Par E. MULSANT.

(Présentées à l'Académie des sciences de Lyon , le 1ᵉʳ avril 1851.)

Dans mon travail sur les Coléoptères de France (Lamellicornes p. 382), j'ai décrit , sous le nom de *Pentodon monodon* , un insecte peu commun dans nos provinces méridionales, qui semblait, malgré sa patrie différente devoir être rapporté au *Geotrupes monodon* de Fabricius, tant peut lui convenir la courte description de cet auteur.

M. Burmeister (Handbuch der Entomologie t. 5. p. 104) a déjà indiqué divers caractères servant à distinguer le véritable *Pentodon monodon* , de l'espèce de notre pays qui s'en rapproche, et à laquelle il donne , à l'exemple de Dejean , le nom de *P. puncticollis.*

M. le capitaine Godard , entomologiste lyonnais bien connu par son zèle pour la science , m'a communiqué divers individus provenant de la Grèce , dont la comparaison avec ceux de nos provinces méridionales , m'a permis d'ajouter quelques autres caractères distinctifs à ceux indiqués par le savant professeur de Halle. Je profiterai de cette circonstance pour appeler l'attention des Entomologistes sur les caractères extérieurs servant à faire distinguer les sexes chez les espèces de ce genre.

Le *Pentodon monodon* a , comme le *P. puncticollis*, la suture frontale chargée d'un seul tubercule ; mais celui-ci est moins élevé , plus obtus et parfois presque binoduleux à son sommet. Il s'éloigne du *P. puncticollis* par son corps proportionnellement plus large et moins parallèle ; par son épistome moins fortement relevé en rebord sur les côtés , offrant en devant deux dents obtuses , peu prononcées et presque nulles ; par son prothorax un peu plus court , n'offrant à la base point de traces de rebord après les angles postérieurs , c'est-à-dire au côté externe de chacune des sinuosités basilaires formées ou rendues plus sensibles par la double dépression du bord postérieur , marqué de points un peu plus gros ; par ses élytres offrant la strie juxta-suturale moins parallèle avec la suture, se rapprochant sensible-ment d'elles à partir du milieu , chargées de trois sortes de nervures moins régulières , moins longuement prolongées , parfois peu nettement dessinées, à calus postérieur plus faible , plus ruguleuses, marquées de points plus égaux, non cycloïdes, pré-sentant près du bord externe une boursoufflure subhumérale plus apparente ; par ses trochanters postérieurs notés de points écrasés plus ou moins apparents ; par sa couleur souvent moins noire , toujours moins brillante , offrant un aspect légèrement soyeux,

Comme caractères moins constants et moints frappants , le *P. pentodon* a les stries des élytres plus légères , surtout posté-rieurement : la juxta-suturale , souvent moins visiblement prolongée sur les côtés de l'écusson par une rangée de points : les autres , moins droites ou plus sinueuses dans leur direction obliquement longitudinale ; elles offrent, entre la nervure par-tant du calus et le bord externe , des sortes de hachures plus apparentes.

Le *P. monodon* est intermédiaire entre le *P. puncticollis* et le *P. punctatus* ; il se distingue facilement de ce dernier par sa suture unituberculeuse.

Herbst, Sturm, Latreille , Illiger et Duftschmidt se sont de-mandé si les caractères fournis par cette suture n'étaient pas des différences extérieures des sexes ; j'ai dit m'être assuré qu'il n'en était pas ainsi. Illiger paraît même postérieurement en être venu à penser que ces différences ne constituaient que des variétés (Magaz. t. 2. p. 214).

Les sexes , dont on n'a pas indiqué les caractères extérieurs,

se reconnaissent au dernier arceau de l'abdomen. Chez la ♀, il est
en ogive dirigée en arrière ; chez le ♂, il est obtus ou subéchancré,
et ferme ainsi d'une manière moins complète l'ouverture anale.

On peut caractériser les trois espèces de la manière suivante :

A. Suture frontale unituberculeuse.

P. PUNCTICOLLIS ; Dej. inéd. Burmeist.

*D'un noir brillant, en dessus. Epistome assez fortement relevé en
rebord de chaque côté, à dents antérieures prononcées. Suture frontale
chargée d'un tubercule aigu. Prothorax offrant les traces visibles d'un
rebord sur la majeure partie de sa base. Elytres marquées de points en
grande partie cycloïdes. Trochanters lisses.*

Geotrupes punctatus ; Illig. mag. t. 2. p. 214?

Scarabæus punctatus ♂ ? Latr. gen. t. 2. p. 104.

Scarabæus puncticollis ; Dej. catal. (1833) p. 151.

Pentodon monodon, Muls. Hist. nat. (Lamell. p. 382. 1).

Pentodon puncticollis, Burmeist. Handb. t. 5. p. 104. —
Motschoulsk. Coleopt. reçus d'un Voy. de M. Handschuh, *in*
Bullet. de Mosc. 1849. n° 3. p. 109.

Patrie : le midi de la France, l'Espagne.

P. MONODON, Fabricius.

*D'un noir ou brun légèrement soyeux, peu luisant. Epistome à peine
relevé en rebord de chaque côté, à dents antérieures très-faibles. Suture frontale chargée d'un tubercule peu saillant et presque binoduleux.
Prothorax sans traces de rebord à la base après les angles postérieurs.
Elytres subruguleuses, marquées de points non cycloïdes. Trochanters
postérieurs ponctués.*

Scarabæus idiota ♂, Herbst, Naturs. t. 2. p. 164. 101. pl.
17. fig. 4.

Geotrupes monodon, Sturm, Handb. pl. 1. fig. B. C. —
Fabr. suppl. p. 19. 50. — id. Syst. El. t. 1 p. 17. 55. — Illig.
mag. 1. p. 311. 55. — Duftsch. faun. aust. 1. p. 77. 2 ♂,
(♂ ♀). — Schönher. syn. ins. t. 1. p. 18. 80.

Scarabœus monodon, DEJ. catal. 3ᵉ édit. p. 168. — LAPORTE de CASTELN. Hist. nat. t. 2. p. 112. 20.

Pentodon monodon, BURMEIST. Handb. t. 5. p. 104.

Patrie : la Hongrie, la Grèce, la Dalmatie, la Russie méridionale.

AA. Suture frontale chargée de deux tubercules.

P. PUNCTATUS, DE VILLERS.

D'un noir luisant. Epistome à peine relevé en rebord de chaque côté, à dents antérieures faibles. Suture frontale chargée de deux tubercules très-distincts. Prothorax sans traces de rebord à la base après les angles postérieurs. Elytres subruguleuses, à points non cycloïdes. Trochanters lisses.

Scarabœus talpa, PANZ. Beytr. pl. 6. fig. 1 (non le texte)..

Scarabœus idiota ♀? HERBST, naturg. t. 2. p. 165. 101.

Scarabœus punctatus, DE VILL. C. LINN. Entom. t. 1. p. 40. 88. pl. 1 fig. 3. — OLIV. Entom. t. 1. n° 3. p. 52. 60. pl. 8. fig. 70. — id. trad. allem. t. 1. p. 50. 60. pl. 25. fig. b. — FABR. Ent. syst. t. 1. 1. p. 21. 64. — LATR. Hist. nat. t. 10. p. 170. — id. Gen. t. 2. p. 104. 1. (♀) — id. nouv. dict. d'Hist. nat. t. 30. p. 299.— id. *in* CUVIER, Règn. anim. (1829). Ins. t. 1. p. 550. — LAMARCK, Anim. s. vert. t. 4. p. 595. — SUCKOW, naturg. p. 124. 80. — PERCHERON, *in* GUERIN Dic. pittor. d'Hist. nat. t. 8. p. 616. — DE CASTELN. Hist. nat. t. 2. p. 112. 19.

Scarabœus algirinus, VOET, Col. pl. 20. fig. 133. trad. p. 89. — GOEZE, Entom. Beytr. t. 1. p. 62. 47. — HERBST, naturg. t. 2. p. 250. 155. pl. 17. fig. 6. — FUESSLY, mag. t. 1. p. 40.

Scarabœus punctulatus, ROSSI, mant. 1. p. 5.

Geotrupes punctatus, FABR. suppl. p. 21. 57. — id. Syst. El. t. 1. p. 18. 63. — STURM. Handb. pl. 1. fig. A. — PANZ. Beytr. p. 50 (texte seulement). — SCHÖNH. Syn. ins. t. 1. p. 18. 81. — SUCKOW, naturg. p. 124. 80.

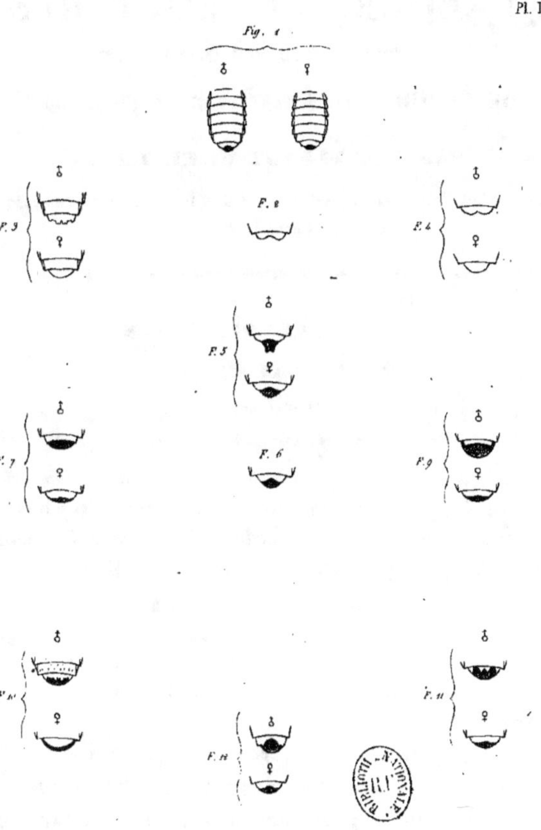

Aléochariens.

DESCRIPTION

DE

QUELQUES COLÉOPTÈRES

NOUVEAUX OU PEU CONNUS

DE LA TRIBU DES **BRACHELYTRES**.

Par E. MULSANT et Cl. REY.

Présentée à l'Académie des sciences , belles-lettres et arts de Lyon ,
le 27 avril 1851.)

FAMILLE DES **ALÉOCHARIENS**.

GENRE **HOMALOTA**. Er.

(1re Division).

1. H. micans.

Elongata , nigra , nitida ; elytris castaneis ; ano antennisque obscure rufis , articulo primo pedibusque testaceis ; thorace basi paulo angustiore , postice obsolete foveolato ; abdominis segmentis 5 primis basi septimoque toto punctatis , sexto sublævi.

Long. 0^m,0036 à 0^m,0045 (1 2/3 à 2 l.)

♂ Deuxième segment de l'abdomen chargé , sur son milieu , d'un petit tubercule. Septième arceau ventral , prolongé en angle arrondi au sommet (pl. 1. fig. 1).

♀ Deuxième segment de l'abdomen sans tubercule. Septième arceau ventral peu saillant, presque tronqué (pl. 1. fig. 1).

Corps allongé ; brillant ; couvert d'une pubescence fine , grisâtre et couchée, plus longue et plus rare sur l'abdomen.

Tête noire , orbiculaire ; légèrement convexe ; atténuée antérieurement à partir de l'insertion des antennes ; d'un tiers plus étroite que le prothorax ; couverte d'une ponctuation rare et fine ; lisse en avant et marquée sur le front d'une impression légère. Parties de la bouche d'un testacé obscur.

Antennes un peu plus longues que la tête et le prothorax

réunis ; d'un roux obscur, avec le premier article testacé : celui-ci elliptique, comprimé : les deuxième et troisième, en cône allongé : les quatrième à dixième, graduellement plus courts : le dernier en ovale allongé, plus long que les deux précédents réunis.

Prothorax finement rebordé ; légèrement transversal ; arrondi à sa base ; tronqué au sommet ; subdéprimé ; noir, avec la partie réfléchie d'un testacé obscur ; couvert d'une ponctuation très-fine et peu serrée ; marqué au milieu de sa base d'une impression large et peu profonde ; un peu rétréci postérieurement ; à angles antérieurs infléchis et obtus ; à côtés arrondis avant le milieu, subsinueux avant les angles postérieursqui sont obtus et légèrement arrondis ; muni latéralement de quelques poils longs et dressés.

Ecusson noir ; triangulaire ; très-finement ponctué.

Elytres subdéprimées ; de la longueur du prothorax ; un peu plus larges que celui-ci à sa base, s'élargissant graduellement jusqu'à l'extrémité ; couvertes de points serrés et obliques plus forts que ceux de la tête et du prothorax ; châtaines, avec les épaules un peu plus claires : angle sutural légèrement obtus et arrondi : bord apical sinueux près des angles extérieurs.

Abdomen rebordé ; noir, avec le dernier segment et le bord apical du pénultième, d'un roux obscur ; couvert de poils rares et longs, plus serrés sur les côtés. Premier, deuxième, troisième et quatrième segments, transversalement impressionnés à leur base : ceux-ci et le cinquième, ponctués, lisses à l'extrémité : le sixième, lisse ou avec des points très-rares et effacés : le septième, entièrement ponctué et échancré à son extrémité.

Dessous du corps ponctué ; noir, avec l'anus roux de poix ; couvert d'une pubescence plus courte sur la poitrine. Pieds ainsi que les hanches testacés.

Elle se trouve en Suisse. Rare.

Obs. Cette espèce ressemble à l'*H. umbonata*, Er. dont elle diffère par la couleur des pieds et des antennes, par son prothorax rétréci et subsinueux postérieurement ; par son abdomen moins lisse, et dont le dernier segment, échancré dans les deux sexes, n'est point granulé dans le ♂.

2. H. subalpina.

Elongata, antice angustior, nigra, nitida ; elytris, pectore anoque rufo-testaceis ; antennis piceis, basi pedibusque testaceis ; thorace subquadrato, angulis rotundatis, coleopteris angustiore ; abdomine parce obsoleteque punctato.

Long. 0,ᵐ0039 (1 l. 3/4.)

Corps allongé ; brillant ; plus étroit en avant ; couvert d'une pubescence fine, grisâtre et couchée.

Tête noire ; convexe ; suborbiculaire ; un peu rétrécie postérieurement, un peu plus étroite que le prothorax ; couverte de points assez gros, mais peu serrés ; lisse en avant des antennes. Parties de la bouche testacées.

Antennes un peu plus longues que la tête et le prothorax réunis ; de couleur de poix, avec le premier article et la base des deux suivants testacés : celui-là, elliptique, comprimé : ceux-ci, allongés : le quatrième, un peu plus long que large : les cinquième à dixième, graduellement plus courts : le dernier, ovale, presque aussi long que les deux précédents réunis.

Prothorax finement rebordé ; un peu plus étroit que les élytres ; en carré un peu plus large que long ; tronqué en devant, légèrement arrondi à sa base ; subdéprimé ; noir, avec la partie réfléchie d'un testacé obscur ; couvert d'une ponctuation très-fine et peu serrée. Tous les angles arrondis ; côtés légèrement arrondis et subsinueux près de la base.

Ecusson triangulaire ; couleur de poix ; finement et densement ponctué.

Elytres subdéprimées ; un peu plus longues que le prothorax ; couvertes d'une ponctuation fine et serrée ; d'un roux testacé ; sinueuses postérieurement, avec l'angle sutural légèrement arrondi.

2.

Abdomen rebordé ; noir, avec le dernier segment et le bord apical du pénultième, d'un roux de poix ; couvert de quelques points épars et peu marqués : premier, deuxième, troisième et quatrième segments, transversalement impressionnés à leur base : le dernier, prolongé, en angle arrondi au sommet.

Ventre ponctué ; noir, avec le bord de chaque arceau et le dernier, d'un roux testacé : celui-ci fortement échancré (pl. 1. fig. 2).

Poitrine d'un roux testacé. Pieds et hanches testacés.

Mont Pilat, Bugey, Grande-Chartreuse. Rare.

Obs. Cette espèce ressemble beaucoup à l'*H. pagana*, Er. dont elle diffère par son abdomen moins lisse, plus court, sa poitrine plus pâle et le dernier arceau ventral fortement échancré. Ce dernier caractère la rapproche de la ♀ de l'*H. vestita*, Gr. ; mais elle s'en distinguera facilement par son prothorax non canaliculé et non rétréci postérieurement.

3. H. longicollis.

Linearis , picea , subopaca ; antennis gracilibus , pedibus anoque testaceis; capite , pectore abdomineque nigris , segmentis singulis postice rufo-testaceis : 5 primis dense subtilissime punctatis , opacis : sexto septimoque sublœvibus , nitidis ; thorace oblongo-quadrato, basi foveolato , elytris angustiore.

Long. 0^m,0033 (1 1/2 l.)

♂ Sixième segment de l'abdomen muni sur son milieu d'un petit tubercule aigu : le septième, terminé par quatre tubercules dentiformes : les deux intermédiaires plus avancés, rapprochés l'un de l'autre, larges et comme fendus, ce qui les fait paraître géminés (pl. 1. fig. 3).

♀ Sixième et septième segments de l'abdomen entiers : le dernier arrondi (pl. 1.fig. 3).

Corps linéaire; peu brillant; couvert d'une pubescence très-fine, grisâtre, déprimée.

Tête noire; convexe; obovale; atténuée antérieurement à partir de l'insertion des antennes; un peu plus étroite que le prothorax; très-finement ponctuée; marquée sur le front d'une petite fossette presque effacée. Parties de la bouche testacées.

Antennes plus longues que la tête et le prothorax réunis ; grèles ; guère plus épaisses à l'extrémité ; testacées ; à premier article elliptique, comprimé : les deuxième et troisième, allongés : les quatrième à dixième , subobconiques, diminuant insensiblement de longueur : le dernier, ovale, acuminé , de moitié plus long que le précédent.

Prothorax finement rebordé ; d'un tiers plus étroit que les élytres ; tronqué en devant ; légèrement arrondi à sa base ; subconvexe ; couleur de poix ; densement et finement ponctué ; marqué au milieu de sa base d'une fossette peu sensible ; en carré long , avec tous les angles arrondis ; à côtés presque droits, très-légèrement sinueux postérieurement.

Ecusson triangulaire ; couleur de poix ; finement ponctué.

Elytres subdéprimées ; de la longueur du prothorax ; finement et densement ponctuées ; d'une couleur de poix assez claire , avec l'angle sutural légèrement obtus et arrondi.

Abdomen noir, avec le dernier segment et le bord apical du pénultième testacés : les cinq premiers étroitement bordés de roux testacé, et ciliés de longs poils gris à leur extrémité , couverts d'une ponctuation excessivement fine et serrée , ce qui les fait paraître mats : les sixième et septième, brillants, parcimonieusement ponctués , presque lisses.

Ventre noir avec le bord apical de chaque arceau et le dernier, testacés : les cinq premiers , densement : les sixième et septième, parcimonieusement ponctués : le dernier prolongé en triangle arrondi.

Poitrine noire , finement et parcimonieusement ponctuée.

Pieds et hanches testacés.

Beaujolais. Rare.

OBS. Cette espèce varie pour la couleur. Le prothorax et les élytres sont quelquefois d'un roux testacé.

Elle diffère des *H. pavens*, *languida* et *debilicornis* par sa forme linéaire, sa taille plus petite et la ponctuation plus serrée de son abdomen. La ♀ se distinguera toujours par ce dernier caractère de l'*H. elongatula* avec laquelle elle a quelque rapport quant au faciès.

4. H brunnipes

Sublinearis, picea , subnitida ; antennis, capite , pectore abdomineque nigris ; segmentorum apice , ano palpisque piceis ; thorace subquadrato, basi impresso, coleopteris paulo angustiore ; abdomine sublævi; pedibus brunneo-testaceis.

Long 0^m,0028 (1 1/4 l.)

♂ Dernier arceau ventral légèrement sinueux au milieu de son bord apical (pl. 1. fig. 4).

♀ Dernier arceau ventral entier, arrondi (pl. 1. fig. 4).

Corps sublinéaire ; assez brillant ; pubescent ; légèrement déprimé.

Tête noire ; convexe ; suborbiculaire ; un peu engagée dans le prothorax : un peu plus étroite que celui-ci ; finement ponctuée, et marquée sur le front d'une légère fossette à peine visible : mandibules testacées ; palpes couleur de poix.

Antennes un peu plus longues que la tête et le prothorax réunis ; un peu plus épaisses à l'extrémité ; noires ; à premier article elliptique : les deuxième et troisième, allongés ; les quatrième à dixième, graduellement plus courts que longs : le dernier, ovale, presque aussi long que les deux précédents réunis.

Prothorax finement rebordé ; un peu plus étroit que les élytres ; tronqué en devant ; légèrement arrondi à sa base ; subdéprimé ; couleur de poix ; finement ponctué ; marqué au milieu de sa base d'une impression transversale, quelquefois obsolète ; presque carré, avec tous les angles obtus et arrondis.

Ecusson triangulaire ; couleur de poix ; finement ponctué.

Elytres subdéprimées ; un peu plus longues que le prothorax ; couleur de poix ; couvertes de points légers et assez serrés ; à angle sutural un peu arrondi.

Abdomen brillant ; noir , avec le bord de chaque segment et

le dernier , d'une couleur de poix testacée ; parcimonieusement
ponctué , presque lisse.

Ventre noir ; ponctué : dernier arceau et bord apical du pénultième , de couleur de poix.

Poitrine noire ; presque glabre et presque lisse.

Pieds et hanches d'un brun testacé.

Lyon. Rare.

Obs. Cette espèce ressemble beaucoup à *H. gracilenta* Er., et
elle n'en diffère que par ses pieds plus obscurs, et par ses
antennes noires, plus grêles, dont les pénultièmes articles ne
sont point transversaux.

5. H. atricapilla.

Linearis, subdepressa, nitida, testacea ; thorace pectoreque obscurio-
ribus; capite nigro ; antennis apice incrassatis ; thorace leviter
canaliculato, coleopteris angustiore ; abdomine sublævi, segmentis
tribus penultimis basi piceis.

Long. 0^m,0033 (1 l. 1/2.)

Corps linéaire ; brillant ; subdéprimé ; légèrement pubescent.

Tête noire ; légèrement convexe ; brillante ; suborbiculaire ;
presque de la largeur du prothorax ; couverte de points assez
gros et peu serrés , et marquée sur le front d'une fossette légère.
Parties de la bouche testacées.

Antennes de la longueur de la tête et du prothorax réunis ;
sensiblement plus épaisses vers l'extrémité ; testacées; à premier
article elliptique : les deuxième et troisième, obconiques : le
deuxième plus long que le troisième : les quatrième à dixième ,
fortement transversaux, moniliformes : le dernier en ovale court.

Prothorax finement rebordé ; un peu plus long que large ; un
peu rétréci postérieurement ; un peu plus étroit que les élytres ;
tronqué en devant ; fortement arrondi à sa base ; subdéprimé ;
marqué d'un sillon longitudinal peu sensible ; d'un testacé
obscur ; couvert de points fins et peu serrés ; tous les angles
arrondis : les postérieurs très-obtus.

Elytres de la longueur du prothorax ; déprimées ; testacées ;
couvertes d'une ponctuation fine et peu serrée.

Abdomen brillant ; testacé, avec les troisième, quatrième
et cinquième segments largement, et le sixième étroitement,
d'un noir de poix à la base ; presque lisse ; à dernier segment
prolongé en triangle arrondi.

Ventre presque lisse ; testacé, avec le cinquième arceau
largement noir à la base ; le dernier, prolongé en triangle
arrondi.

Poitrine d'un testacé obscur.

Pieds et hanches d'un testacé pâle.

Lyon. Très-rare.

Obs. Cette espèce ressemble aux *H. elongatula* et *debilis*, et
s'en distingue par sa couleur, par son abdomen lisse, et ses antennes épaisses.

6. **H. producta.**

*Linearis, subdepressa, griseo-pubescens, nigra, subopaca ; abdomine
nitidulo; segmentorum apice, ano antennisque rufis; elytris rufotesta-
ceis ; ore pedibusque testaceis ; thorace leviter transverso, postice angustiore, coleopterorum latitudine, basi impresso vel obsolete canaliculato.*

Long. 0^m,0045 (2 l.)

♂ Septième segment abdominal échancré à son extrémité. Septième arceau ventral
se redressant en lame triangulaire tronquée au sommet, à troncature légèrement échancrée. (Pl. 1. fig. 5).

♀ Septième segment abdominal légèrement échancré. Septième arceau ventral simplement prolongé en triangle arrondi au sommet. (Pl. 1. fig. 5).

Corps linéaire ; subdéprimé ; subopaque ; noir ; couvert d'une
pubescence fine et grise.

Tête noire ; subdéprimée ; presque opaque ; suborbiculaire ;
un peu plus étroite que le prothorax ; finement ponctuée.
Parties de la bouche testacées.

Antennes un peu plus longues que la tête et le prothorax
réunis ; guère plus épaisses à l'extrémité ; rousses ; à premier

article elliptique, comprimé : les deuxième et troisième, allongés:
le deuxième un peu plus long que le troisième : les quatrième à
dixième , subobconiques, diminuant graduellement de longueur :
le dernier , ovale, acuminé.

Prothorax finement rebordé ; légèrement transversal ; presque
aussi large que les élytres , un peu rétréci postérieurement,
tronqué en devant ; subdéprimé ; noir ; presque opaque ; densement et finement ponctué ; marqué à sa base d une impression
assez large , qui s'étend quelquefois jusqu'au sommet en forme
de sillon obsolète ; à angles antérieurs fortement arrondis ; à côtés
sinueux près des angles postérieurs, qui sont très obtus ; à base
tronquée et comme sinueuse dans son milieu.

Ecusson noir ; finement et densement ponctué.

Elytres d'un tiers plus longues que le prothorax ; presque
opaques ; déprimées ; d'un roux testacé ; finement et densement
ponctuées ; à angle sutural arrondi.

Abdomen brillant : premier , deuxième , troisième , quatrième et septième segments, assez densement et finement
ponctués : le cinquième parcimonieusement : le sixième presque
lisse ; noir , avec le bord apical de chaque segment , d'un roux
testacé.

Ventre finement ponctué ; noir , avec le bord apical de chaque
arceau et le dernier , roux.

Poitrine noire ; rarement et finement ponctuée.

Pieds et hanches testacés.

Lyon. Beaujolais. Savoie. Rare.

OBS. Cette espèce ressemble beaucoup à l'*H. elongatula ,* dont
Erichson en fait une variété ; elle en diffère par sa taille plus
forte , ses antennes plus longues , son prothorax rétréci postérieurement , son abdomen plus densement ponctué , et enfin par
les différences sexuelles.

(Deuxième division).

7. H. incisa.

Sublinearis , subconvexa , nitida; elytris piceis; ore anoque piceo-testaceis ; antennis apice leviter incrassatis , rufo-brunneis , basi pedibusque testaceis ; thorace transverso , coleopteris paulo angustiore, basi impresso , abdomine suprà anterius parce punctato ; apice lœvi.

Long. 0ᵐ,0033 (1 l. 1/.).

Corps sublinéaire ; noir , brillant ; finement pubescent , avec quelques longs poils sur les côtés.

Tête noire ; convexe ; brillante ; transversale ; antérieurement un peu atténuée ; d'un tiers plus étroite que le prothorax ; presque lisse , avec quelques points rares et légers. Parties de la bouche d'un testacé obscur.

Antennes pubescentes ; de la longueur de la tête et du prothorax réunis ; sensiblement plus épaisses à l'extrémité ; à premier article ovoïde : les deuxième et troisième obconiques : le quatrième guère plus large que long : les cinquième à dixième transversaux : le dernier, subovale , acuminé , presque plus long que les deux précédents réunis ; d'un brun roussâtre , avec les trois premiers articles testacés.

Prothorax finement rebordé , légèrement convexe; transversal ; d'un tiers plus large que long ; un peu plus étroit que les élytres ; tronqué en devant ; arrondi sur les côtés et à la base : les côtés , légèrement sinueux près des angles postérieurs qui sont très-obtus : les angles antérieurs largement arrondis ; noir , brillant ; finement ponctué ; marqué à sa base d'une impression obsolète.

Ecusson noir ; triangulaire ; finement ponctué.

Elytres d'un tiers plus longues que le prothorax ; légèrement convexes ; assez brillantes ; densement ponctuées ; d'un brun de poix , avec la partie réfléchie plus claire.

Abdomen brillant ; les quatre premiers segments et le septième

légèrement ponctués : les cinquième et sixième presque lisses ;
noir , avec le bord apical du sixième et le septième , couleur de
poix : celui-ci , angulairement échancré à l'extrémité. (Pl. 1.
fig. 6).

Ventre ponctué ; noir , avec l'anus d'une couleur de poix
testacée : le septième arceau saillant en triangle arrondi.

Pieds testacés , pubescents.

Grande-Chartreuse , Pilat , Mont-Dore , Suisse. Assez rare.

Obs. Cette espèce ressemble beaucoup à l'*H. sodalis*. Er. Elle
s'en distingue par ses palpes , ses antennes et ses élytres plus
obscurs , et surtout par la structure du septième segment de
l'abdomen et du septième arceau du ventre.

8. H. livida.

*Sublinearis, antice angustior, subopaca, nigra; thorace , elytris , ore
anoque obscure testaceis ; antennis gracilibus, rufis , basi pedibusque
testaceis ; thorace fere coleopterorum latitudine , subtransverso ,
basi obsolete impresso ; abdomine supra anterius punctato , apice
sublævi.*

Long. 1 0ᵐ,0033 (l. 1/2).

♂ Septième segment abdominal largement tronqué : la troncature légèrement arquée
en dedans , obsolètement crénelée, limitée de chaque côté par une dent plus forte , plus
avancée. (Pl. 1. fig. 7).

♀ Septième segment abdominal légèrement sinueux à son extrémité. (Pl. 1. fig. 7).

Corps sublinéaire ; un peu rétréci antérieurement ; subdéprimé ; noir ; subopaque ; couvert d'une pubescence cendrée
très-courte.

Tête noire ; convexe ; assez brillante ; arrondie ; un peu plus
étroite que le prothorax ; très-légèrement ponctuée. Parties de la
bouche d'un testacé obscur.

Antennes pubescentes ; un peu plus longues que la tête et le
prothorax réunis ; assez grêles ; guère plus épaisses à l'extrémité ; à premier article elliptique : les deuxième et troisième
allongés, obconiques : les quatrième à dixième presque carrés ou

guère plus larges que longs : le dernier, obovale, acuminé, un peu plus court que les deux précédents réunis ; roussâtres, avec les trois premiers anneaux plus clairs.

Prothorax assez convexe ; légèrement transversal ; presque aussi large que les élytres ; tronqué en devant ; assez fortement arrondi sur les côtés ainsi qu'aux angles antérieurs et postérieurs ; plus faiblement à la base ; un peu plus étroit postérieurement ; subopaque ; d'un testacé obscur, ordinairement plus rembruni sur le disque ; finement ponctué ; marqué à sa base d'une impression obsolète, allongée en forme de canal longitudinal plus ou moins réduit ; muni sur les côtés de quelques longs poils dressés.

Ecusson noir ; triangulaire ; très-finement ponctué.

Elytres un peu plus longues que le prothorax ; déprimées ; presque opaques ; d'un testacé obscur, avec la base de la suture et le bord postérieur étroitement rembrunis.

Abdomen brillant ; les quatre premiers segments et le septième légèrement ponctués : les cinquième et sixième beaucoup moins, presque lisses ; noir, avec le bord apical de chaque segment couleur de poix : l'extrémité du sixième et le septième plus clairs.

Ventre ponctué ; noir, avec la base, l'anus et le bord apical de chaque arceau, d'une couleur de poix testacée : le septième, arrondi.

Pieds testacés, pubescents.

Mont Dore ; parmi des détritus de lichens. Assez rare.

Obs. Cette espèce se distingue de l'*H. spelæa*, Er. par ses antennes beaucoup plus grêles et plus longues, son prothorax moins court, et son abdomen moins ponctué; et de l'*H. marcida*, Er. par sa taille plus petite, ses antennes un peu plus courtes, son abdomen moins allongé, moins atténué postérieurement, moins lisse ; et surtout par son prothorax beaucoup plus large.

9. H. Impressicollis.

*Sublinearis , subopaca, subdepressa, nigra ; elytris, ano antennisque
brunneis, articulo primo, ore pedibusque testaceis ; thorace transverso,
coleopteris paulo angustiore, late, præsertim basi, sulcato ; abdomine
sat crebre punctato.*

Long. 0ᵐ,0028 (1 1/4 l)

♂. Front largement sillonné. 7ᵉ segment abdominal largement tronqué : la troncature légèrement cintrée, subcrénelée avec une dent forte, obtuse, à chaque extrémité (Pl. 1 fig. 8).

♀. Front subconvexe, égal. 7ᵉ segment abdominal légèrement arrondi et quelquefois faiblement sinueux à l'extrémité. (Pl. 1 fig. 8).

Corps sublinéaire ; subdéprimé ; noir ; subopaque ; couvert d'une pubescence fine et cendrée.

Tête transversale ; subconvexe ; noire ; subopaque ; un peu plus étroite que le prothorax, finement ponctuée. Yeux grands. Parties de la bouche testacées.

Antennes pubescentes ; un peu plus épaisses vers l'extrémité ; de la longueur de la tête et du prothorax réunis ; brunes, avec le premier article testacé : celui-ci ovoïde, épais : les deuxième et troisième, obconiques : le deuxième plus long que le troisième : le quatrième presque carré : les cinquième à dixième, légèrement transversaux : le dernier, en ovale allongé, plus long que les deux précédents réunis.

Prothorax légèrement transversal ; finement rebordé ; un peu plus étroit que les élytres, légèrement rétréci postérieurement ; arrondi aux angles antérieurs et sur les côtés : ceux-ci légèrement sinués près des angles postérieurs qui sont obtus ; subdéprimé ; noir de poix ; finement et densement ponctué ; marqué dans toute sa longueur d'un sillon beaucoup plus large et plus profond à la base.

Ecusson noir ; triangulaire ; finement ponctué.

Elytres subdéprimées ; subopaques ; plus longues que le prothorax, finement et densement ponctuées ; brunes ou d'un brun testacé, avec la région scutellaire plus obscure.

Abdomen brillant ; noir, avec l'extrémité du sixième segment et le dernier, d'un brun-testacé ; couvert d'une ponctuation fine et assez serrée antérieurement, plus rare sur les trois
derniers anneaux.

Dessous du corps finement ponctué ; noir, avec le bord apical
de chaque arceau ventral et le dernier, brunâtres.

Pieds testacés, pubescents.

Obs. Lyon. Beaujolais. Cette espèce est assez commune dans
les fagots, les détritus.

10. H. brevicornis.

Linearis, subconvexa, tenuiter cinereo-pubescens, subnitida, nigra ;
antennis pedibusque rufis, ore brunneo, elytris piceis ; thorace trans-
verso, leviter canaliculato, coleopterorum fere latitudine ; abdo-
mine sat crebre punctato, segmento octavo conspicuo ; antennis bre-
vibus, apice incrassatis.

Long. 0^m,0030 (1 1/3l.).

Corps linéaire ; subconvexe ; assez brillant ; couvert d'une
pubescence fine et cendrée.

Tête noire ; assez brillante ; suborbiculaire ; assez convexe ;
un peu plus étroite que le prothorax ; légèrement ponctuée.
Parties de la bouche d'un brun testacé assez obscur.

Antennes légèrement pubescentes ; sensiblement plus épaisses
vers l'extrémité ; plus courtes que la tête et le prothorax réunis ;
entièrement rousses ; à premier article elliptique : les deuxième
et troisième, obconiques : le deuxième, deux fois plus grand que
le troisième : les quatrième à dixième, transversaux, serrés :
les pénultièmes, perfoliés : le dernier, brièvement ovale, épais,
obtus, plus court que les deux précédents réunis.

Prothorax transversal ; assez brillant ; finement rebordé ;
tronqué en devant, avec la base, les côtés et les angles arrondis ; presque aussi large que les élytres ; subdéprimé sur le
disque ; finement ponctué, et marqué d'un léger sillon longitudinal.

Ecusson triangulaire; noir; densement ponctué.

Elytres assez convexes; un peu moins brillantes que le reste du corps; un peu plus longues que le prothorax; densement ponctuées, à points obliques et un peu plus forts que ceux de la tête et du prothorax; d'une couleur de poix obscure.

Abdomen brillant; noir, avec le septième segment couleur de poix; couvert de points légers et assez serrés, avec quelques poils noirs, redressés sur les côtés et vers l'extrémité; à premier, deuxième, troisième et quatrième segments, marqués à leur base d'une impression transversale assez forte : le dernier, légèrement tronqué.

Dessous du corps ponctué; noir; à septième arceau ventral prolongé en triangle légèrement arrondi.

Pieds roux, pubescents.

Grande-Chartreuse. Très-rare.

Obs. Cette espèce diffère de l'*H. nigella*, Er. par ses antennes et ses pieds plus clairs, et par la ponctuation de l'abdomen.

11. **H. albopila.**

Elongata, suœdepressa, subopaca, albido tenuiter pubescens, nigra ; ore testaceo ; palpis pedibusque rufo-brunneis ; thorace coleopteris paulo angustiore, subtransverso, basi subdepresso; abdomine parce punctato, segmento sexto apice membranaceo, octavo conspicuo ; capite ovato, lateribus grosse punctato.

Long. 0^m,0029 (1 3/4 l.).

Corps allongé; subdéprimé; presque opaque; couvert d'une pubescence fine et blanchâtre.

Tête noire; ovale; convexe; assez brillante; graduellement rétrécie en avant à partir des yeux; beaucoup plus étroite que le prothorax; finement chagrinée, et couverte sur les côtés d'une ponctuation assez grossière et peu serrée laissant un espace longitudinal lisse dans le milieu. Front marqué d'une petite fossette

à peine sensible. Yeux déprimés. Parties de la bouche testacées,
avec les palpes plus obscurs.

Antennes d'un brun noir ; pubescentes ; de la longueur de la
tête et du prothorax réunis ; légèrement plus épaisses vers l'extrémité ; à premier article allongé, en massue : les deuxième
et troisième, un peu plus grêles, obconiques : le deuxième,
beaucoup plus long que le troisième : le quatrième, un peu plus
épais, presque carré : les cinquième à dixième, légèrement
transversaux : le dernier, obovale, aussi grand que les deux précédents réunis.

Prothorax finement rebordé ; légèrement transversal ; presque
opaque ; un peu plus étroit que les élytres ; un peu rétréci antérieurement ; finement ponctué ; noir ; subdéprimé et comme
canaliculé à la base ; tronqué en devant ; fortement arqué en
arrière à sa base, moins fortement sur les côtés ; à angles antérieurs légèrement obtus : les postérieurs très-obtus et arrondis ;
garni de quelques longs poils redressés sur les bords.

Ecusson large ; triangulaire ; noir, brillant ; presque lisse.

Elytres d'un tiers plus longues que le prothorax ; subdéprimées,
noires, presque opaques ; couvertes de points assez serrés et assez
forts ; garni d'un long poil sur chaque épaule.

Abdomen assez brillant ; couvert de points peu serrés ; noir,
avec l'extrémité du septième segment couleur de poix, obtusément tronquée et ciliée de poils blancs serrés : le huitième, visible
et saillant : le bord apical du sixième, pâle et membraneux : les
quatre premiers, tranversalement et légèrement déprimés à leur
base ; garni de quelques longs poils redressés à l'extrémité vers
l'anus.

Dessous du corps ponctué ; noir, avec le bord apical de chaque
arceau ventral couleur de poix.

Pieds d'un roux brun. Trochanters des pieds postérieurs
et toutes les cuisses couverts d'une ponctuation assez grossière et
peu serrée.

Aiguemortes. Bords de la mer, sous les fucus. Très-rare.

Obs. Cette espèce a de l'analogie quant au faciès avec l'*Aleochara obscurella* ; mais elle est moins opaque, plus déprimée, et appartient au genre *Homalota*.

12. H. picipennis.

Sublinearis , subdepressa, subnitida, tenuiter cinereo-pubescens, nigra ; ore pedibusque testaceis ; antennis mediocribus , palpis anoque rufobrunneis ; elytris piceis ; thorace subtransverso , elytrorum fere latitudine , basi perparum angustiore , obsolete impresso ; abdomine anterius sat crebre , posterius parce punctato.

Long. 0^m,0033 (1 1/2 l.)

Corps sublinéaire; subdéprimé ; assez brillant; couvert d'une pubescence fine et cendrée.

Tête suborbiculaire; noire; convexe; assez brillante; plus étroite que le prothorax ; finement ponctuée. Yeux ronds, peu saillants. Parties de la bouche testacées, avec les palpes maxillaires plus obscurs.

Antennes pubescentes ; plus longues que la tête et le prothorax réunis ; un peu plus épaisses vers l'extrémité; d'un roux brunâtre , à premier article épais, elliptique : le deuxième, plus grêle, allongé : le troisième, obconique, beaucoup plus court que le deuxième : les quatrième à dixième , graduellement plus larges que longs, subtransversaux : le dernier, ovale, acuminé, plus court que les deux précédents réunis.

Prothorax finement rebordé; légèrement transversal; antérieurement de la largeur des élytres ; un peu rétréci postérieurement; assez brillant; subconvexe; noir; finement ponctué; marqué à sa base d'une impression obsolète ; tronqué en devant, fortement arrondi aux angles et sur les côtés, légèrement à la base, et comme sinueux à cette dernière au devant de l'écusson ; garni de deux ou trois longs poils droits sur les côtés.

Ecusson triangulaire ; noir ; finement ponctué.

Elytres à peine aussi longues que le prothorax ; assez brillantes ; déprimées ; d'un brun de poix ; finement et densement
ponctuées.

Abdomen brillant ; noir, avec le bord apical des deuxième, troisième, quatrième et sixième segments et le septième, d'un brun
de poix : celui-ci saillant, arrondi : les deuxième, troisième,
quatrième et septième, finement et assez densement ponctués :
les cinquième et sixième, parcimonieusement.

Dessous du corps légèrement ponctué ; noir, avec l'anus brun.
Septième arceau ventral saillant, légèrement sinueux.

Pieds testacés, pubescents.

Grande-Chartreuse ; Mont-Dore. Assez rare.

Obs. Cette espèce diffère de l'*H. socialis*, Gr. par sa taille plus
petite, plus linéaire ; ses élytres plus courtes ; son prothorax plus
·long, aussi large que les élytres, et par ses antennes proportionnellement plus longues.

13. H. incrassata.

*Brevior, sublinearis, convexa, subopaca, tenuiter cinereo-pubescens,
nigra; ore, antennis anoque rufo-brunneis ; elytris piceis ; pedibus
rufo-testaceis ; thorace coleopterorum fere latitudine, subtransverso,
obsolete sulcato, antice perparum angustiore ; abdomine parce punctato; antennis brevibus, apice incrassatis.*

Long. 0^m,0028 (1 1/4 l.).

Corps sublinéaire ; court et assez épais ; convexe ; subopaque ;
couvert d'une pubescence fine et cendrée.

Tête transversale ; plus large postérieurement ; assez fortement
enfoncée dans le prothorax ; plus étroite que celui-ci ; finement
ponctuée ; noire, subopaque ; convexe ; marquée sur le front
d'une fossette peu sensible, souvent effacée. Yeux ovales, subdéprimés. Parties de la bouche d'un roux brun.

Antennes pubescentes ; plus courtes que la tête et le prothorax -
réunis ; assez épaisses à l'extrémité ; entièrement d'un roux brunâtre ; à premier article elliptique : les deuxième et troisième, un

peu plus grêles , obconiques : le deuxième, plus long que le troisième : le quatrième, pas plus large que long : les cinquième à
dixième, transversaux : le dernier, obtus, suborbiculaire, d'une
moitié plus long que le précédent.

Prothorax finement rebordé ; légèrement transversal; presque aussi large que les élytres ; légèrement rétréci antérieurement; convexe; finement ponctué; noir, subopaque ; marqué à
sa base d'une impression assez large qui se prolonge quelquefois
jusqu'au bord antérieur en forme de sillon léger ; tronqué en
devant, avec les côtés , les angles postérieurs et la base fortement
arrondis : celle-ci, subsinueuse au devant de l'écusson ; angles
antérieurs fortement défléchis , légèrement arrondis.

Ecusson triangulaire ; noir, opaque ; densement ponctué.

Elytres à peine aussi longues que le prothorax ; assez brillantes ; convexes ; d'un noir de poix ; densement et assez fortement ponctuées, à points obliques.

Abdomen brillant ; noir, avec l'extrémité du sixième segment et
le septième, d'un brun de poix; couvert d'une ponctuation légère
et peu serrée. Septième segment, faiblement arrondi; peu saillant.

Dessous du corps finement ponctué ; noir, avec l'anus et le
bord apical de chaque arceau, d'un brun roussâtre. Septième
arceau ventral prolongé en triangle arrondi.

Pieds d'un roux testacé, avec les cuisses quelquefois plus
obscures.

Mont-Dore ; Grande-Chartreuse. Assez rare.

Obs. Cette espèce diffère de la précédente par la forme de son
prothorax; par son corps plus convexe, plus court ; par ses pieds
un peu plus obscurs; par ses élytres plus fortement ponctuées ,
et par ses antennes beaucoup plus courtes et plus épaisses.

14. H. foveola.

*Sublinearis , subdepressa , tenuiter griseo-pubescens, nigra ; antennis
brevibus rufo-brunneis , articulo primo , ore pedibusque testaceis ;*

thorace transverso , coleopteris angustiore , basi late foveolato ; abdomine basi sat crebre , apice parce punctato.

Long o^m0028 (1 1/4 l.),

♂ Front largement sillonné. Extrémité des cinquième et sixième segments abdominaux avec des aspérités oblongues, plus fortes et plus nombreuses sur le dernier : septième, terminé par quatre tubercules dentiformes, dont les deux intermédiaires sont un peu plus rapprochés l'un de l'autre (Pl. 1. fig. 10).

♀ Front légèrement déprimé. Cinquième et sixième segments abdominaux, simplement ponctués : le septième, entier, arrondi.

Corps sublinéaire ; subdéprimé ; subopaque ; couvert d'une pubescence fine et grise. .

Tête obovale ; plus étroite que le prothorax ; subconvexe ; subopaque ; noire ; très-finement ponctuée sur les côtés, presque lisse au milieu. Yeux peu saillants. Parties de la bouche testacées.

Antennes pubescentes ; un peu plus épaisses à l'extrémité ; un peu plus courtes que la tête et le prothorax réunis; d'un roux brunâtre , avec le premier article testacé : celui-ci , épaissi, ovale : les deuxième et troisième, plus grêles, obconiques : le deuxième, un peu plus long que le troisième : les quatrième et cinquième , suborbiculaires : les sixième à dixième , légèrement transversaux : le dernier, obovale, presque aussi long que les deux précédents réunis.

Prothorax finement rebordé ; transversal; d'un tiers plus large que long; d'un tiers plus étroit que les élytres; subconvexe; subopaque ; noir ; finement ponctué ; marqué à sa base d'une fossette assez large qui se prolonge quelquefois en mourant jusqu'après le milieu du dos ; tronqué en devant, avec les angles antérieurs, la base et les côtés, arrondis : ceux-ci légèrement sinueux près des angles postérieurs qui sont obtus.

Ecusson assez grand ; triangulaire ; densement et finement ponctué.

Elytres presque une fois plus longues que le prothorax ; subdéprimées; d'un noir de poix; couvertes d'une ponctuation serrée, fine et néanmoins un peu plus forte que celle du prothorax.

Abdomen noir, avec le bord apical du sixième segment et le septième d'un brun de poix : les deuxième, troisième, quatrième, transversalement et légèrement déprimés à leur base, assez densement ponctués : les cinquième et sixième, parcimonieusement ; assez longuement velus sur les côtés et vers l'extrémité.

Dessous du corps légèrement ponctué ; noir, avec l'anus et quelquefois le bord apical de chaque arceau, couleur de poix ; le septième arrondi.

Pieds et hanches testacés, assez densement pubescents.

Lyon. Assez rare.

Obs. Cette espèce varie pour la couleur des antennes qui sont quelquefois entièrement testacées.

15. H. pallens.

Linearis, subnitida, subdepressa, tenuiter sat dense cinereo-pubescens, rufo-testacea; ore, antennarum basi, pedibus, abdominis segmentorum apice, anoque dilutioribus; capite piceo; thorace subquadrato, basi paulo angustiore et obsolete impresso; abdomine anterius leviter punctato, apice sublævi; segmento sexto magno, apice subreflexo; antennis leviter incrassatis.

Long. 0^m,0017 à 0^m,0022 (3/4 à 1).

Corps linéaire ; assez brillant ; subdéprimé ; assez densement couvert de poils courts, cendrés, soyeux.

Antennes à peine de la longueur de la tête et du prothorax réunis ; sensiblement plus épaisses vers l'extrémité ; pubescentes ; d'un roux testacé, avec les trois premiers articles plus clairs ; à premier article allongé, elliptique : le deuxième, un peu plus grêle, presque aussi long que le premier : le troisième obconique, d'un tiers plus court que le précédent : le quatrième guère plus long que large, suborbiculaire, un peu moins large que les suivants : les cinquième à dixième, transversaux : le dernier, obtus, en ovale court ; un peu plus court que les deux précédents réunis.

Prothorax finement rebordé ; presque carré ; un peu rétréci

postérieurement ; un peu plus étroit que les élytres ; subdéprimé ;
assez brillant ; d'un testacé obscur ; très-finement ponctué ; obsolètement sillonné à sa base : celle-ci , le bord et les angles antérieurs, légèrement arrondis : les derniers fortement inclinés :
côtés presque droits : angles postérieurs légèrement obtus.

Ecusson petit ; brillant ; presque lisse ; d'un testacé obscur.

Elytres sensiblement plus longues que le prothorax ; déprimées ;
assez brillantes ; très-finement et densement ponctuées ; testacées,
avec la suture étroitement rembrunie, et excavée vers l'écusson.

Abdomen linéaire ; assez brillant ; testacé ; à deuxième, troisième et quatrième segments légèrement déprimés , et un peu
plus obscurs à la base : les cinquième et sixième , d'un brun de
poix , avec l'extrémité de celui-là étroitement et de celui-ci largement testacée ; légèrement ponctué, avec le sixième segment
presque lisse , très-brillant , très-grand , légèrement relevé à son
bord postérieur : le septième, peu saillant , arrondi , quelquefois
légèrement sinueux.

Dessous du corps , finement ponctué ; d'un roux testacé et
avec le cinquième arceau largement et le sixième étroitement ,
d'un brun de poix à leur base. Poitrine, de cette dernière couleur.

Pieds et hanches testacés , pubescents. Tarses courts.

Lyon. Beaujolais.

Obs. Cette espèce est assez commune dans les inondations de
la Saône.

16. H. pusilla.

*Linearis , subnitida, subdepressa , tenuiter cinereo-pubescens , nigra ;
capite, thorace elytrisque piceo-brunneis ; ore , pedibus , ano antennisque testaceis , his brevibus , fortiter apice crassioribus ; capite
thoraeis latitudine , hoc subtransverso , antice latiore , dorso subdepresso ; abdomine leviter punctato , apice lœvi.*

Long. 0ᵐ,0033 (1 1/2 l.).

Corps linéaire ; assez brillant ; subdéprimé ; couvert d'une pubescence fine et cendrée.

Tête suborbiculaire ; un peu plus étroite antérieurement ; aussi large que le prothorax ; assez brillante ; densement et visiblement ponctuée ; obsolètement sillonnée sur le front ; d'un brun de poix. Yeux petits, ronds, noirs, déprimés. Parties de la bouche testacées.

Antennes plus courtes que la tête et le prothorax réunis ; fortement épaissies vers l'extrémité ; pubescentes ; testacées, avec la base plus pâle ; à premier article épais, ovale : le deuxième, un peu plus grêle, obconique : le troisième, guère plus long que large, une fois moins long que le précédent : le quatrième, légèrement transversal, arrondi, moins large que les suivants : les cinquième à dixième, fortement transversaux, presque perfoliés : le dernier, obtus, suborbiculaire, un peu plus court que les deux précédents réunis.

Prothorax finement rebordé ; transversal ; d'un tiers plus large que long ; antérieurement presque plus large que les élytres, sensiblement rétréci postérieurement ; assez brillant ; d'un brun de poix ; finement ponctué ; légèrement déprimé sur le dos ; arrondi au sommet et à la base ; à côtés droits : angles antérieurs légèrement arrondis : les postérieurs obtus.

Ecusson triangulaire ; d'un brun de poix ; presque lisse.

Elytres sensiblement plus longues que le prothorax ; déprimées ; assez brillantes ; très-finement et densement ponctuées ; d'un brun de poix.

Abdomen assez brillant ; noir : moitié postérieure du sixième segment, et le septième, testacés : les deuxième, troisième et quatrième, avec le bord apical, d'un brun de poix ; finement et assez densement ponctué, avec la moitié postérieure du sixième segment lisse, brillante : celui-ci, grand : le septième, assez saillant, arrondi et quelquefois légèrement sinueux.

Dessous du corps légèrement ponctué ; noir, avec l'anus et le bord apical de chaque arceau, testacés : le dernier, assez saillant, arrondi.

Pieds testacés. Tarses courts.

Beaujolais, sur les bords inondés de la Saône. Rare.

Obs. Cette espèce diffère de la précédente par ses antennes plus courtes et proportionnellement beaucoup plus épaisses ; sa taille beaucoup moindre, et sa couleur plus obscure ; de l'*H. exilis*, Er. par son prothorax moins fortement transversal, rétréci postérieurement ; sa taille plus petite, et ses élytres plus longues et plus déprimées.

17. H. montana.

Elongata, opaca, subconvexa, tenuissime fusco-pubescens, nigra; ore, antennarum articulo primo, ano elytrisque piceis ; pedibus fusco-testaceis ; thorace transverso, coleopteris angustiore, basi sulcato ; abdomine sat crebre punctato.

Long. 0^m,0017 (3/4 l.).

♂ Front largement sillonné. Septième segment abdominal terminé par quatre dents triangulaires : les deux extérieures plus aiguës, plus saillantes : les intermédiaires rapprochées l'une de l'autre (Pl. fig. 11).

♀ Front marqué d'une légère fossette. Septième segment abdominal, assez saillant, légèrement sinueux à son extrémité (Pl. 1. fig. 11).

Corps allongé ; opaque ; subconvexe ; couvert d'une pubescence fine et obscure.

Tête transversale ; d'un tiers plus étroite que le prothorax ; convexe ; noire ; opaque ; finement et visiblement ponctuée. Yeux grands, arrondis, assez saillants, d'un noir grisâtre. Parties de la bouche couleur de poix.

Antennes un peu plus longues que la tête et le prothorax réunis ; légèrement plus épaisses vers l'extrémité ; pubescentes ; noires, avec le premier article couleur de poix : celui-ci, elliptique : le deuxième, plus grêle, allongé, moins long que le précédent : le troisième, obconique, un peu plus grêle, guère moins long que le précédent : le quatrième, suborbiculaire : les cinquième à dixième, légèrement transversaux : le dernier, allongé, acuminé, plus grand que les deux précédents réunis.

Prothorax finement rebordé; transversal; d'un tiers plus large que long ; plus étroit que les élytres; assez convexe ; noir ; opaque ; finement et densement ponctué ; marqué à sa base d'un sillon assez large qui s'étend en mourant jusqu'au bord antérieur ; tronqué à celui-ci, avec la base, les côtés et tous les angles assez fortement arrondis.

Ecusson assez grand ; triangulaire ; noir; opaque ; densement ponctué.

Elytres un peu plus longues que le prothorax ; subconvexes , d'un noir de poix ; densement et visiblement ponctuées.

Abdomen assez brillant; légèrement rétréci postérieurement ; noir; assez densement ponctué, avec le septième segment couleur de poix et plus densement ponctué : côtés et extrémité garnis de longs poils obscurs.

Dessous du corps ponctué : noir , avec l'anus couleur de poix; septième arceau ventral saillant, arrondi.

Pieds d'un testacé obscur ; pubescents. Tarses assez courts.

Grande Chartreuse. Assez rare.

Obs. Cette espèce diffère de l'*H. sordidula* Er. par sa taille un peu plus forte ; ses pieds plus clairs ; son abdomen d'une ponctuation moins serrée , et par le troisième article des antennes plus long.

18. H. lævana.

Elongata, subdepressa , subnitida, tenuiter cinereo-pubescens, lateribus pilosella , nigra, ore, antennarum articulo-primo , ano elytrisque piceo-brunneis; pedibus elongatis , testaceis , pilosellis ; thorace coleopteris multo angustiore , basi subimpresso. Abdomine punctato, apice lævi.

Long. 0,0033 (1 1/2 l).

♂. Septième segment abdominal échancré en demi-cercle dans son milieu ; l'échancrure subcrénelée, limitée latéralement par une lame obtusément bidentée. (Pl. 1. fig. 12.)

♀ Septième segment abdominal légèrement sinueux à son extrémité. (Pl. 1. fig. 12.)

Corps allongé ; subdéprimé ; assez brillant ; couvert d'une pubescence fine et cendrée, avec de longs poils obscurs sur les côtés.

Tête suborbiculaire; un peu plus étroite que le prothorax; noire; brillante; subconvexe; couverte d'une ponctuation fine et peu serrée; marquée sur le front d'une fossette presque effacée. Yeux assez grands, arrondis, noirs, assez saillants. Parties de la bouche d'un brun de poix.

Antennes légèrement pubescentes; beaucoup plus longuesque la tête et le prothorax réunis; guère plus épaisses à l'extrémité; d'un noir obscur, avec le premier article d'un brun de poix: celui-ci, épais, ovoïde: les deuxième et troisième, allongés, presque égaux: le quatrième, en carré long: les cinquième à dixième, pas plus larges que longs, presque carrés: le dernier, allongé, aussi grand que les deux précédents réunis.

Prothorax subtransversal; de moitié plus étroit que les élytres; finement rebordé; noir; assez brillant; couvert d'une ponctuation assez visible; légèrement déprimé sur le dos, et quelquefois obsolètement impressionné à la base; tronqué en devant, avec la base, les côtés et les angles légèrement arrondis: les postérieurs très-obtus; garni de quelques longs poils obscurs, dressés, sur le dos et principalement sur les côtés.

Ecusson grand; triangulaire; noir; opaque; densement ponctué.

Elytres d'un quart plus longues que le prothorax; subdéprimées; brunes, quelquefois plus claires à l'extrémité; assez brillantes; densement ponctuées; garnies d'un ou de deux longs poils obscurs vers l'épaule.

Abdomen brillant; légèrement atténué postérieurement; noir, avec l'extrémité du sixième segment et le septième, d'un brun de poix: les deuxième, troisième et quatrième, assez densement ponctués: le cinquième très-parcimonieusement: le sixième lisse. Côtés et anus garnis de longs poils obscurs.

Dessous du corps parcimonieusement ponctué, presque lisse à l'extrémité; noir, avec le bord apical de chaque arceau et le septième, d'un brun de poix : ce dernier, prolongé en triangle arrondi.

Pieds testacés, avec les cuisses quelquefois obscurcies ; couvertes d'une pubescence assez longue et couchée, avec quelques longs poils redressés, obscurs, sur les tibias des quatre pieds postérieurs. Tarses allongés, à dernier article très-grêle, aussi long que les quatre précédents réunis.

Lyon ; Beaujolais. Rare.

Obs. Cette espèce a le faciès de l'*H. longicornis*, dont elle se distingue par son prothorax beaucoup plus étroit, et par son abdomen moins ponctué.

19. H. sericea.

Linearis, nitida, subdepressa, parce subtiliter punctata, rarius sericeo pubescens, niger, thorace, elytris antennis anoque piceo-brunneis ; thorace transverso, coleopteris paulo angustiore, basi obsolete canaliculato ; abdomine basi sublævigato, apice omnino lævi ; pedibus pallidis.

Long. 0ᵐ,0017 à 0ᵐ,0022(3/4 à 1 l).

Corps linéaire ; brillant ; subdéprimé ; finement et parcimonieusement ponctué ; couvert d'une pubescence peu serrée, fine et soyeuse.

Tête suborbiculaire ; plus étroite que le prothorax ; subconvexe ; noire ; brillante ; très-finement et parcimonieusement ponctuée, presque lisse au milieu, et obsolètement sillonnée sur le front. Yeux arrondis, assez saillants. Parties de la bouche d'un testacé obscur, avec le pénultième article des palpes maxillaires d'un brun de poix.

Antennes un peu plus longues que la tête et le prothorax réunis, un peu plus épaisses vers l'extrémité ; pubescentes ; brunes, avec le dernier article un peu plus clair : le premier, ovoïde : les deuxième et troisième, plus grêles, assez allongés, obconiques : le deuxième, un peu plus long que le troisième : les quatrième à dixième, légèrement transversaux : le dernier, obovale, acuminé, plus court que les deux précédents réunis.

Prothorax finement rebordé; transversal; d'un tiers moins
long que large; un peu plus étroit que les élytres; très-finement et parcimonieusement ponctué; subdéprimé sur le dos, et
obsolètement sillonné à sa base; brillant; noir, plus clair vers
les angles antérieurs; fortement arrondi à ceux-ci, légèrement
à la base et sur les côtés : ces derniers sinueux près des angles
postérieurs qui sont aussi arrondis.

Ecusson triangulaire; noir de poix; assez brillant, et assez
densement ponctué.

Elytres plus longues que le prothorax; brillantes; subdéprimées; très finement et assez parcimonieusement ponctuées;
d'un brun de poix; très-visiblement rebordées à l'extrémité.

Abdomen brillant; noir, avec l'extrémité du sixième segment
et le septième, d'un brun de poix : les deuxième, troisième et quatrième, assez fortement déprimés à leur base, très parcimonieusement ponctués : les cinquième et sixième, lisses : le septième,
arrondi, peu saillant, quelquefois subsinueux à son extrémité.

Dessous du corps finement et assez parcimonieusement ponctué : le sixième arceau ventral presque lisse; noir, avec l'anus
d'un brun de poix : base du ventre et poitrine souvent plus
claires.

Pieds d'un testacé très-pâle, pubescents.

Lyon et Beaujolais. Bords inondés de la Saône. Assez commun.

Obs. Le corps est quelquefois ou noir ou d'un fauve testacé ;
les antennes et les pieds sont aussi plus ou moins obscurs.

20. H. basicornis.

Sublinearis, subdepressa, subnitida, tenuiter griseo-pubescens, niger,
elytris nigro-piceis, antennarum basi, ore pedibusque testaceis; ca-
pite thoraceque sulcatis,, hoc transverso coleopteris paulo angustiore.
Abdomine basi punctato, dorso apiceque sublœvi.

Long, 0^m,0023 (1 l.).

Corps sublinéaire; subdéprimé; assez brillant; couvert d'une
pubescence fine et grisâtre.

Tête transversale; arrondie sur les côtés; d'un quart plus étroite que le prothorax; convexe; légèrement sillonnée sur le front; marquée d'une ponctuation assez fine et peu serrée; noiré; assez brillante. Yeux assez saillants, noirs. Parties de la bouche testacées.

Antennes de la longueur de la tête et du prothorax réunis; sensiblement plus épaisses vers l'extrémité; fortement piloselles; brunes, avec les trois premiers articles testacés : le premier, en massue : le deuxième plus grèle, allongé, obconique, presque aussi long que le premier : le troisième, obconique, plus grèle et beaucoup plus court que le deuxième : le quatrième, pas plus large que long : les cinquième et sixième légèrement, les septième, huitième, neuvième, fortement transversaux : le dernier, ovale, acuminé, de la longueur des deux précédents réunis.

Prothorax un peu plus étroit que les élytres; transversal; d'un tiers plus large que long; finement rebordé; tronqué en devant, arrondi à la base, sur les côtés et aux angles : les postérieurs obtus, les antérieurs presque droits, fortement infléchis; subdéprimé et marqué sur le dos d'un sillon beaucoup plus large à la base : finement ponctué; noir, assez brillant; piloselle sur les côtés.

Ecusson triangulaire; noir; ponctué.

Elytres de moitié plus longues que le prothorax; subdéprimées; finement et assez densement ponctuées; d'un noir de poix, avec un ou deux longs poils vers l'épaule.

Abdomen brillant; noir : les quatre premiers segments ponctués sur les côtés, presque lisses au milieu, assez fortement déprimés à leur base : les cinquième et sixième, presque lisses : le septième, ponctué, légèrement arrondi.

Dessous du corps noir; brillant; finement ponctué; plus lisse à l'extrémité : le septième arceau, arrondi.

Pieds testacés, pubescents.

Tournus. Beaujolais. Assez rare.

(Quatrième Division.)

20. H. Parens.

Elongata, fusiformis, parùm nitida, convexa, tenuiter pubescens, lateribus pilosella, nigra, elytris antennisque brunneis, harum articulo primo, ore pedibusque testaceis; thorace fortiter transverso, æquali, coleopterorum latitudine; abdomine leviter basi dense, apice parcius punctato. Ano rufo-testaceo.

Long. 0ᵐ,0028 (1 1/4 l.).

Corps allongé; fusiforme; convexe; peu brillant; finement pubescent, avec les côtés garnis de longs poils, droits, obscurs.

Tête orbiculaire; de moitié plus étroite que le prothorax; assez convexe; brillante; finement ponctuée; noire. Yeux arrondis, peu saillants. Parties de la bouche testacées.

Antennes un peu plus longues que la tête et le prothorax réunis; un peu plus épaisses vers l'extrémité; pubescentes; d'un roux brunâtre, avec le premier article testacé : celui-ci, épais, ovale : les deuxième et troisième, plus grêles, obconiques, subégaux : les quatrième à dixième, légèrement transversaux, graduellement plus courts que longs : le dernier, obovale, acuminé, plus long que les deux précédents réunis.

Prothorax fortement transversal; une fois plus large que long; de la largeur des élytres à leur base; finement rebordé; fortement convexe; tronqué en devant; légèrement arrondi à la base et sur les côtés; à angles antérieurs fortement arrondis : les postérieurs très-obtus, légèrement arrondis; densement et très-finement ponctué; noir, peu brillant; avec quelques longs poils obscurs sur les côtés.

Ecusson noir; triangulaire; subopaque; densement ponctué.

Elytres un peu plus longues que le prothorax; un peu plus larges postérieurement; subdéprimées; densement et finement

ponctuées; peu brillantes; d'un brun roussâtre; garnies d'un
ou de deux longs poils vers l'épaule.

Abdomen, atténué postérieurement; brillant; noir, avec
l'extrémité du sixième segment et le septième, d'un roux testacé; celui-ci assez saillant et arrondi : les quatre premiers
segments et le septième, légèrement et densement ponctués :
les cinquième et sixième, parcimonieusement garnis de quelques
longs poils obscurs sur les côtés et à l'extrémité.

Dessous du corps, finement ponctué; brillant; noir, avec
l'extrémité du sixième arceau ventral et le septième, roussâtres,
celui-ci, très-saillant et arrondi.

Pieds, et les quatre hanches antérieures, testacés.

Lyon. Beaujolais. Assez rare.

Obs. Cette espèce diffère de l'*H. orbata* par son prothorax
beaucoup plus large, plus convexe, plus finement ponctué,
et son anus constamment d'une couleur plus claire.

21. H. conformis.

*Breviuscula, convexa, subnitida, lateribus pilosella, tenuiter gri-
seopubescens, nigra, pedibus oreque testaceis, palpis maxillaribus obs-
curioribus ; antennarum articulo primo elytrisque piceo-brunneis ;
thorace transverso, coleopterorum latitudine, basi obsolete impresso ;
abdomine antice crebrius, postice parcius punctato.*

Long. 0^m,0017 (3/4 l).

Corps, assez court; assez brillant; convexe; finement pubescent; piloselle sur les côtés.

Tête orbiculaire; plus étroite que le prothorax; convexe;
brillante; finement et parcimonieusement ponctuée; marquée
sur le front d'une petite fossette ponctiforme, obsolète; noire,
avec la bouche testacée et les palpes maxillaires rembrunis.
Yeux assez grands, peu saillants.

Antennes de la longueur de la tête et du prothorax réunis;
très-légèrement épaissies vers l'extrémité; piloselles; noirâtres,
avec le premier article quelquefois d'un brun roussâtre; celui-ci

elliptique : les deuxième et troisième obconiques, subégaux ,
les quatrième et cinquième, pas plus larges que longs : les
sixième à dixième, légèrement transversaux : le dernier, en
ovale allongé, de la grandeur des deux précédents réunis.

Prothorax, de la largeur des élytres à sa base; un peu
rétréci antérieurement; transversal; d'un tiers plus large que
long; finement rebordé; convexe; tronqué en devant; arrondi
à la base : celle-ci légèrement sinueuse au devant de l'écusson :
angles postérieurs obtus : côtés et angles antérieurs arrondis ;
finement et densement ponctué; noir; assez brillant; marqué
à sa base d'une impression légère, quelquefois effacée; garni
de quelques longs poils obscurs sur les côtés.

Ecusson, petit; triangulaire ; densement ponctué ; d'un noir
de poix.

Elytres, d'un tiers plus longues que le prothorax; légèrement convexes; assez brillantes; sinueuses près des angles extérieurs; finement et densement ponctuées; d'un brun de poix;
garnies d'un ou de deux longs poils obscurs vers l'épaule.

Abdomen, brillant; piloselle sur les côtés; légèrement et
assez densement ponctué sur les quatre premiers segments,
parcimonieusement sur les cinquième et sixième : le septième
peu saillant, légèrement arrondi.

Dessous du corps, noir; légèrement ponctué; à septième
arceau ventral peu saillant, légèrement arrondi.

Pieds, testacés.

Lyon. Beaujolais; Rare.

Obs. Au premier coup-d'œil cette espèce peut facilement être
confondue avec l'*H. orphana*. Elle s'en distingue néanmoins
par des caractères assez saillants : son prothorax est moins
large et moins convexe, et le premier article des antennes
n'est point dilaté.

DESCRIPTION

D'UNE

ESPÈCE NOUVELLE DE BUPRESTIDE,

Par E. MULSANT.

(Présentée à l'Académie des sciences, belles-lettres et arts de Lyon,
le 10 Juin 1851.)

Sphenoptera subcostata.

Allongé ; ponctué et d'un brun bronzé ou d'un bronzé obscur. Prothorax caréné latéralement dans sa seconde moitié ; creusé de deux fossettes un peu au-devant de la base. Elytres ruguleuses en devant ; à neuf stries, presque réduites vers la base à des points sériément disposés : les première, deuxième et neuvième, terminales ou à peu près : les autres moins longues ; offrant une courte strie juxta-suturale et deux autres semblables entre la première et la deuxième : intervalles , premier et deuxième, postérieurement inclinés en sillon : les troisième, cinquième, septième et neuvième postérieurement relevés en forme de petites côtes : le neuvième , détaché du bord externe dans le dernier tiers.

Long. 0^m,0090 (4 l.) Larg. 0^m,0033 (1 1/2 l.).

Corps allongé ; d'un brun bronzé ou d'un bronzé obscur, en dessus. *Tête* assez densement ponctuée ; marquée d'une assez faible impression longitudinale sur le milieu du front ; chargée d'une suture frontale faiblement saillante, en forme d'accolade

transversale dont l'angle médiaire est dirigé en arrière. *Antennes*
et *palpes* de la couleur du dessus du corps. *Prothorax* bissinueusement tronqué en devant, c'est-à-dire offrant la partie médiaire
et les angles antérieurs sensiblement plus avancés ; à peine ou très-
étroitement rebordé ; médiocrement élargi jusqu'au tiers de ses
bords latéraux, subparallèle postérieurement sur les côtés ;
émoussé aux angles postérieurs ; sans rebord sur la moitié antérieure de ses côtés, muni d'une sorte de carène latérale formant
dans la seconde moitié un étroit rebord ; bissinueusement coupé
et tronqué au devant de l'écusson, à la base ; convexe ; un peu
plus fortement ponctué que la tête ; creusé de deux fossettes,
situées une de chaque côté de la ligne médiane, des trois quarts
aux quatre cinquièmes de la longueur ; paraissant parfois offrir
deux autres fossettes ordinairement nulles ou peu apparentes,
situées sur la même ligne longitudinale, vers la moitié ou un
peu moins de la longueur. *Ecusson* lisse ; cordiforme, terminé
en pointe. *Elytres* un peu moins larges à la base que le prothorax
à ses angles postérieurs ; près de trois fois aussi longues que
lui ; subsinueusement parallèles jusqu'aux trois cinquièmes de la
longueur, rétrécies en ligne peu courbe à partir de ce point ;
étroites et subarrondies chacune à l'extrémité ; médiocrement convexes ; ponctuées d'une manière ruguleuse jusqu'au tiers de la longueur, graduellement d'une manière plus unie postérieurement ;
à neuf stries, presque réduites en devant à des points sériément
disposés : les première, deuxième et neuvième, prolongées à peu
près jusqu'à l'extrémité : les troisième et quatrième, terminées
vers les sept huitièmes de la longueur et postérieurement unies :
les cinquième et sixième, septième et huitième, prolongées à
peine jusqu'aux trois quarts et unies par paires et postérieurement
réunies pour former une strie terminale ; offrant vers la base
trois autres courtes stries ponctuées : la première juxta-suturale,
prolongée jusqu'au cinquième de la longueur : les deuxième et
troisième un peu plus courtes et postérieuremeut unies, placées

entre les première et deuxième stries longitudinales et forçant la
deuxième et quelques-unes des suivantes à se diriger vers le
calus à leur partie antérieure : intervalles juxta-sutural et
deuxième, inclinés l'un vers l'autre d'une manière convergente,
à partir du tiers ou un peu moins de la longueur, de manière à
constituer un sillon : le troisième, sensiblement relevé à partir
du tiers de la longueur : le cinquième, plus relevé dans sa moitié
postérieure et se réunissant à peu près au sixième, pour constituer une côte prolongée jusqu'à l'extrémité : le septième, un
peu plus relevé que les sixième et huitième, et paraissant se confondre postérieurement avec le cinquième : le neuvième, formant
dans son dernier tiers une côte prolongée jusqu'à l'extrémité, en
s'éloignant du rebord externe de manière à laisser entre lui et
ce rebord un espace allongé moins étroit dans son milieu. *Dessous
du corps* et *pieds*, de la couleur du dessus.

Patrie : la Turquie.

Cette espèce m'a été communiquée par M. Al. Wachanru.

DESCRIPTION

D'UNE

ESPÈCE NOUVELLE DU GENRE ZYGIA,

par E. MULSANT.

(Présentée à l'Académie des sciences, belles-lettres et arts de Lyon,
le 1er juillet 1851.)

Zygia scutellaris.

Oblongue. Prothorax non anguleux latéralement; creusé d'un sillon raccourci sur la ligne médiane ; d'un jaune rouge ainsi que la base des antennes, l'écusson, le dessous du corps et les pieds. Elytres d'un bleu noir; grossièrement et ruguleusement ponctuées ; chargées de trois lignes longitudinales également saillantes, prolongées jusqu'aux quatre cinquièmes de leur longueur.

Long. 0^m,0090 (4 l) larg. 0^m,0033 (1 1/2 l).

Corps oblong. *Tête* inclinée ; subconvexe ; creusée entre le front de deux fossettes ou dépressions oblongues ; marquée de points assez gros et confluents; noire; garnie de poils de même couleur, couchés et médiocrement apparents : bord antérieur de l'épistome d'un roux ferrugineux. Palpes et parties de la bouche, noirs. *Antennes* à peine aussi longuement prolongées que les deux tiers des côtés du prothorax ; de onze articles : le premier, renflé, obconique : le deuxième, petit, subglobuleux : les troisième et quatrième, obconiques : les cinquième à dixième, comprimés, dentés au côté interne : le onzième, rétréci en pointe

dans sa seconde moitié : les premier à cinquième , d'un jaune
rouge : les suivants, noirs. *Prothorax* tronqué en devant ; élargi
et en ligne peu arquée et non anguleuse, d'avant en arrière, sur
les côtés ; trissinueux à la base, c'est-à-dire échancré au devant
de l'écusson et moins sensiblement entre cette échancrure médiane et chaque angle postérieur ; muni d'un rebord dans toute
sa périphérie ; creusé sur la ligne médiane d'un sillon prolongé
du quart ou du tiers aux trois quarts de la longueur ; chargé de
chaque côté d'une ligne longitudinale élevée , prolongée du cinquième externe du bord antérieur au neuvième externe de la
base ; noté d'une fossette punctiforme vers le point de réunion de
chacune de ces lignes avec le rebord basilaire ; obsolètement
ponctué ; d'un jaune rouge ; très-parcimonieusement garni de
poils presque de même couleur, couchés et à peine distincts.
Ecusson arrondi postérieurement ; presque lisse ; d'un jaune
rouge. *Elytres* faiblement plus larges en devant que le prothorax ;
près de quatre fois aussi longues que lui ; graduellement et sensiblement élargies jusqu'aux deux tiers, subarrondies, prises ensemble, postérieurement ; rebordées sur les côtés et à la suture ;
convexes ; d'un bleu noir ; ruguleusement marquées de points
assez grossiers ; chargées chacune, non compris les rebords sutural et externe, de trois lignes longitudinales également saillantes , prolongées jusqu'aux quatre cinquièmes de la longueur :
les première et deuxième naissant de la base : la première au
quart interne ou un peu plus : la deuxième un peu après la moitié :
la troisième commençant au dessous du calus. *Dessous du corps*
et *pieds* d'un jaune rouge.

Patrie : les environs de Biscara, en Algérie.

Cette espèce m'a été communiquée par M. le capitaine Godart,
l'un de nos meilleurs entomologistes lyonnais.

DESCRIPTION

D'UNE

ESPÈCE NOUVELLE DU GENRE AMMOECIUS,

Par E, MULSANT.

(Présentée à l'Académie des sciences, belles-lettres et arts de Lyon,
le 8 juillet 1851.)

Ammœcius numidicus.

*Tête brune, chargée sur l'épistome d'un relief transversal. Prothorax
plus foncé, finement ponctué et parsemé de points cycloïdes moins petits. Elytres gibbeuses postérieurement; d'un brun rougeâtre; à stries
étroites, égales environ au cinquième de la largeur des premiers intervalles, à peine crénelées par les rainurelles transversales.*

Ammœcius numidicus, Gaubil, in collect.

Long. 0ᵐ,0054 (2 2/5 l) larg. 0ᵐ,0020 (7/8 l).

Corps assez court ; sensiblement gibbeux postérieurement ;
luisant, en dessus. *Chaperon* largement échancré à sa partie antérieure ; plus étroitement rebordé dans cette échancrure que
dans le reste de sa périphérie ; muni d'une petite dent légèrement
relevée de chaque côté de l'échancrure. *Tête* brune ou d'un brun
noir ; convexement déclive ; chargée sur l'épistome d'un relief
transversal ; ponctuée, et d'une manière presque subruguleuse
dans quelques points. Suture frontale indiquée par une raie transversale légère. *Palpes* maxillaires d'un rouge brun ; à dernier
article en cône allongé. *Prothorax* légèrement arqué en devant

dans sa majeure partie médiaire et sensiblement sinueux près de
chaque angle antérieur ; peu émoussé et à peine avancé à ces
angles ; élargi en ligne presque droite ou à peine arquée sur les
côtés, obliquement coupé à ces derniers, vers la base ; bissub-
sinueusement en arc dirigé en arrière à celle-ci ; très étroitement rebordé à la base et sur les côtés ; convexe ; marqué de
points fins et rapprochés ; parsemé de points cycloïdes plus apparents ; d'un brun un peu plus foncé que la tête et surtout que
les élytres ; paré en devant d'une bordure submembraneuse un
peu moins obscure. *Ecusson* en triangle obtus ; à côtés sensiblement plus longs que la base ; marqué, près de celle-ci, de
points peu profonds, presque imponctué postérieurement. *Elytres*,
aux épaules, de la largeur du prothorax à la base ; assez faiblement élargies jusqu'aux trois cinquièmes de leur longueur, arrondies à l'extrémité ; très convexes en dessus, sensiblement gibbeuses postérieurement ; d'un brun rougeâtre ou d'un brun
rouge ; à stries étroites, égales environ au cinquième de la largeur des premiers intervalles ; à peine crénelées par les rainurelles
transversales : intervalles planes, imperceptiblement pointillés.
Dessous du corps et *pieds* d'un rouge brun : pygidium et région anale d'une teinte plus claire et garnis de poils roussâtres.
Plaque métasternale longitudinalement sillonnée. Premier article
des tarses postérieurs plus long que les deux suivants réunis.

Patrie : l'Algérie (collection Gaubil).

DESCRIPTION

D'UNE

ESPÈCE NOUVELLE DE LONGICORNE,

Par E. MULSANT.

(Présentée à l'Académie des sciences, belles-lettres et arts de Lyon,
le 5 août 1851.)

Phytœcia scapulata.

*Devant de la tête, quatre premiers articles des antennes et écusson, re-
vêtus d'un duvet roux. Prothorax noir, orné sur son milieu d'une
tache rousse obtriangulaire. Elytres revêtues d'un duvet ardoisé,
parées d'une tache humérale rousse. Pygidium, partie de l'hypopy-
gium, partie des cuisses et jambes de devant, genoux et jambes intermédiaires, d'un roux jaune.*

Long. 0ᵐ,0093 (4 1/8 l) larg. 0ᵐ,0022 (1 l)

Tête perpendiculaire; convexe; marquée de points plus petits
sur la partie antérieure, plus gros et moins rapprochés après les
yeux; lisse sur le milieu du front, entre les antennes; rayée longitudinalement d'une ligne légère, raccourcie à ses extrémités : d'un
noir verdâtre ou bronzé; garnie sur sa partie antérieure d'un
duvet assez épais d'un roux vif; ornée après la base des antennes
de deux bandes de même couleur non prolongées jusqu'au bord
postérieur, situées chacune au côté interne des yeux, séparées
par un espace de couleur foncière moins large que chacune

d'elles ; hérissée de poils obscurs et clairsemés. *Parties* de la
bouche et palpes d'un noir verdâtre. *Yeux* noirs, profondément
échancrés. *Antennes* presque aussi longuement prolongées que le
corps (♀) ; filiformes : les premier et deuxième articles, d'un noir
verdâtre, revêtus d'un duvet roux : les troisième et quatrième
roux, avec l'extrémité d'un vert noir : les suivants d'un vert
noir, garnis d'un duvet cendré. *Prothorax* de deux cinquièmes
moins long que large ; tronqué en devant et à la base ; moins
étroitement rebordé à celle-ci qu'au bord antérieur ; subarrondi
latéralement, mais rétréci au devant de la base ; convexe ; sillonné transversalement après le bord antérieur et plus distinctement au devant de la base ; marqué de points assez gros, affaiblis sur le disque ; noir ; orné sur la ligne médiane d'une tache
rousse, obtriangulaire, naissant après le sillon antérieur et prolongée jusqu'au postérieur, couvrant en devant la moitié médiaire de la largeur, liée au bord par une tache punctiforme de
duvet roux, unie à la base par une bande de duvet de même
couleur couvrant le tiers postérieur de la ligne médiane. *Ecusson*
semicirculaire ; revêtu d'un duvet épais, d'un roux vif. *Elytres*
d'un tiers plus larges en devant que le prothorax à sa base ; d'un
septième à peine plus larges que lui dans son diamètre transversal le plus grand ; cinq fois environ plus longues que lui ;
à fossette humérale marquée ; subparallèles, légèrement sinueuses après les épaules, sensiblement rétrécies à partir des
trois quarts de leur longueur ; subarrondies à leur angle postéro-
externe ; obtusément tronquées à leur extrémité, en formant à
peine un angle rentrant, vers l'angle sutural, qui est brième-
ment épineux ; presque planes sur le dos, brusquement inclinées
sur les côtés ; noires, mais revêtues d'un duvet cendré qui leur
donne une couleur ardoisée ; ornées aux épaules, depuis la fossette humérale, d'une tache d'un roux vif, prolongée à peine au
delà du dixième de la longueur des bords latéraux ; hérissées de
poils noirs, mi-couchés, peu apparents ; marquées de points

graduellement affaiblis de la base à l'extrémité. *Pygidium* roux, bordé de noir verdâtre à l'extrémité. *Dessous du corps* d'un noir verdâtre, garni d'un duvet soyeux cendré obscur : dernier arceau roux, avec son tiers postérieur d'un noir vert dans sa plus grande partie médiaire ; rayé d'une ligne légère (♀). *Pieds* d'un noir verdâtre : trois cinquièmes postérieurs des cuisses de devant, jambes antérieures, et genou et jambe des pieds intermédiaires, moins l'arête et l'extrémité, d'un roux jaune ou d'un jaune rouge. Jambes intermédiaires échancrées sur l'arête, près de l'extrémité. *Ongles* munis d'une dent basilaire prolongée presque jusqu'à la moitié de leur longueur.

Patrie : la Syrie (collection Wachanru).

Obs. Cette espèce se distingue de la *Ph. humeralis* avec laquelle elle a beaucoup d'analogie, par la couleur d'un roux vif du duvet couvrant la partie antérieure et les côtés de la tête, formant les deux bandes postérieures et voilant l'écusson ; par la forme obtriangulaire, c'est-à-dire anguleuse à ses parties antéro-latérales, de la tache du prothorax ; par ses antennes garnies d'un duvet roux ou roux testacé sur les deux premiers articles, offrant ses troisième et quatrième articles de couleur foncière semblable, moins l'extrémité de ceux-ci ; par ses genou et jambe des pieds intermédiaires, moins l'arête et l'extrémité de ces dernières, d'un jaune rouge ou d'un roux jaune.

DESCRIPTION

D'UNE

NOUVELLE ESPÈCE DU GENRE MORDELLA,

Par E. MULSANT.

(Lue à la Société Linnéenne de Lyon , le 12 janvier 1851.)

MORDELLA GACOGNII.

Corps noir. Tête et prothorax revêtus d'un duvet cendré brillant : celui-ci à trois taches dénudées. Elytres ornées de divers signes d'un duvet semblable : un espace basilaire couvrant les deux tiers de la largeur, prolongé jusqu'aux deux septièmes de la longueur, bidenté postérieurement, suborbiculairement dénudé vers son milieu : une lanière naissant de l'épaule, sinueusement prolongée un peu plus que l'espace précité : deux taches elliptiques, souvent unies en une bande raccourcie, vers les trois cinquièmes de la longueur : une bordure suturale, moins étroite après la bande et n'atteignant pas l'extrémité.

Long. 0^m,0072 à 0^m,0090 (3 1/4 à 4 l.) Larg. 0^m,0030 à 0^m,0033 (1 1/3 à 1 1/2 l.)

Corps assez étroit. *Tête* fortement inclinée ; échancrée dans le milieu de son bord postérieur; noire, garnie d'un duvet cendré, soyeux brillant ou d'une teinte submétallique; pointillée, postérieurement rayée d'une ligne médiaire à peine distincte; notée, sur le milieu du front, d'un point autour duquel rayonne le duvet. *Palpes* bruns, ou en partie d'un fauve obscur, avec le dernier

article noir. *Antennes* à peine plus longuement prolongées que la
moitié des côtés du prothorax ; de onze articles : les quatre premiers, obconiques, presque égaux : les sept autres, subdentelés
au côté interne. *Prothorax* tronqué et peu distinctement rebordé
sur les côtés de son bord antérieur, avancé en arc et sans rebord
sur les deux septièmes médiaires environ de celui-ci ; sans rebord,
et faiblement élargi en ligne courbe, d'avant en arrière, sur les
côtés ; sans rebord, échancré sur chaque tiers latéral et offrant sur
le tiers médiaire un prolongement tronqué, à la base ; convexe
transversalement ; convexement déclive d'arrière en avant, longitudinalement ; pointillé ; noir, garni d'un duvet cendré, soyeux
brillant, submétallique ou légèrement doré, laissant dénudés trois
espaces formant trois sortes de taches noires : la première sur la
ligne médiane, prolongée presque depuis le bord antérieur jusque près du bord postérieur, élargie d'avant en arrière en forme
de triangle très-allongé, un peu moins large postérieurement que
la troncature antéscutellaire : chacune des autres, petite, subarrondie, très-rapprochée de la précédente, couvrant un peu plus
du quart submédiaire de la longueur. *Écusson* noir ; revêtu d'un
duvet semblable à celui du prothorax. *Elytres* à peine aussi larges
en devant que le prothorax à ses angles postérieurs qui se courbent
sur leur épaule et l'embrassent un peu ; trois fois environ aussi
longues que les bords latéraux du segment prothoracique ; graduellement rétrécies jusqu'aux sept huitièmes de leur longueur, subarrondies ou presque en ogive chacune à l'extrémité ; longitudinalement un peu arquées ; presque planes ou à peine convexes transversalement ; munies extérieurement d'un rebord très étroit ; rayées
d'une strie juxtasuturale peu apparente qui leur forme une sorte de
rebord sutural moins étroit ; pointillées ; noires ; garnies d'un duvet
soyeux de même couleur ; ornées de divers signes formés par un
duvet cendré brillant : 1° une tache ou plaque couvrant les deux
tiers internes de la base, prolongée jusqu'aux deux septièmes de la
longueur, bidentée à son extrémité, offrant, sur la partie médiaire

de sa largeur et du sixième aux deux tiers de sa longueur, un espace
dénudé obliquement subarrondi : 2° une sorte de lanière en bande
étroite, naissant de l'épaule, prolongée jusqu'au cinquième de la
longueur près du bord externe, dont elle s'éloigne ensuite subgraduellement, pour se lier presque à l'angle postéro-externe de la tache
basilaire qu'elle dépasse un peu : 3° deux taches elliptiques ou
subpunctiformes, parfois isolées, surtout chez les ♂, souvent réunies et constituant alors une sorte de bande transversale, raccourcie à ses deux extrémités, c'est-à-dire n'arrivant ni à la suture ni
au bord externe, et échancrée ou entaillée plus ou moins fortement en avant et en arrière, dans son milieu, située vers les trois
cinquièmes de la longueur : 4° une bordure suturale, d'abord confondue ou à peu près avec la tache basilaire, réduite ensuite au
rebord, puis moins étroite après la bande transversale, n'arrivant
pas à l'extrémité. *Dessous du corps* noir, paré de poils cendrés,
à la base du médipectus, sur une partie du postpectus, sur le bord
latéral des arceaux du ventre en plaqúes triangulaires et en plaques
semblables entre ceux-ci et le milieu. *Pieds* noirs.

J'ai dédié cette espèce à M. Gacogne, l'un des entomologistes
lyonnais qui s'occupent de la science avec le plus de zèle et de
succès.

Cette espèce a été prise par ce Naturaliste dans les environs de
Lyon. Elle a également été trouvée, près de Digne, par M. Victor
Mulsant. Sa larve vit dans le peuplier. Elle a des formes analogues
à celles des autres espèces qui ont été décrites.

NOTES

POUR SERVIR A L'HISTOIRE

DE LA

CHRYSOMELA DILUTA,

PAR

E. MULSANT et Al. WACHANRU.

(Lues à la Société Linnéenne de Lyon., le 16 Juin 1851).

En décrivant les habitudes du *Cyrtonus rotundatus* dont naguère nous esquissions l'histoire, nous avons fait connaître un fait curieux, celui d'un Coléoptère, parvenu à sa dernière transformation, passant les mois les plus chauds de l'année dans un état léthargique.

La *Chrysomela diluta*, sur la vie de laquelle nous allons donner quelques détails, est encore un de ces insectes qu'on pourrait appeler *estivants*, comme on désigne sous le nom d'*hibernants* les mammifères qui restent plongés dans le sommeil pendant les longs jours de deuil de la nature.

Cette inactivité exceptionnelle n'est pas, du reste, le seul rapport existant entre ces deux espèces de phytophages. Comme le Cyrtone précité, la Chrysomèle dont il est ici question semble occuper aussi des espaces très-restreints, sur les collines arides et souvent dénudées de nos provinces du midi.

Cette circonscription plus ou moins resserrée, dans laquelle se renferment souvent les générations successives de certains Coléoptères herbivores exclusivement propres à la marche et pourvus d'ailes peu actives, n'a rien de surprenant. Pourquoi la nature aurait-elle donné à ces insectes des habitudes plus vagabondes! Qu'iraient-ils chercher loin des lieux qui cachèrent leur berceau ? Ils trouvent près de celui-ci la nourriture appropriée à leurs besoins, ils vivent donc et meurent aux mêmes lieux ; et à quelques pas des cercles où ils se sont établis, on n'en rencontre pas un seul.

MM. Solier et Barthelemy, de Marseille, trouvaient autrefois assez fréquemment notre Chrysomèle, autour de cette ville, dans un lieu envahi aujourd'hui par le mur d'enceinte du Lazaret ; mais depuis l'établissement de cette clôture, elle était devenue d'une rareté désespérante. Après de longues et patientes recherches mon jeune ami M. Wachanru parvint, vers le milieu de septembre 1848, à la dénicher de nouveau du côté d'Endoume. Il en découvrit plusieurs individus, blottis sous des pierres dont le volume dépassait à peine, en général, celui d'un haricot, et dans un lieu offrant si peu de verdure qu'on l'aurait pu prendre facilement pour un chemin battu.

Mœurs et habitudes. Pendant le jour, cet insecte reste ainsi caché, ne courant guère d'autre péril que celui d'être parfois écrasé sous le pied de l'homme visitant ces coteaux peu fréquentés ; mais dès que la nuit commence à jeter son voile sur l'horizon, il abandonne la retraite dans laquelle le captivait son instinct prévoyant, pour demander à une herbe annuelle, au *Plantago coronopus*, Linn. la nourriture dont il a besoin. Toutefois, pendant ces heures nocturnes, où les ombres sembleraient devoir la protéger complètement, son existence n'est pas à l'abri de tout danger. La nature pour empêcher la trop grande multiplication des races phytophages, n'a-t-elle pas chargé d'autres créatures de les décimer ? Malheur à lui, s'il est rencontré par ces Coléoptères créophages, qui vont rôdant sans cesse pour trouver une proie à dévorer ! Malheur, s'il est aperçu par certains reptiles ou mammifères insectivores, dont la beauté des nuits méridionales favorise les ténébreuses investigations ? La Providence ne lui a pas donné, comme à certaines espèces, des ailes d'une agilité assez légère pour assurer sa fuite ; elle ne l'a pas doté comme d'autres de pieds à ressorts, capables de projeter son corps à une distance prodigieuse ; à l'aspect du péril, il ne sait, comme beaucoup d'êtres faibles et sans défense, que replier ses pattes et se laisser tomber à terre, où il reste immobile : heureux, quand à cette ruse instinctive se trouve attaché son salut !

La facilité de trouver à leur portée les aliments convenables à leurs goûts, et les moyens de remplir le dernier but de leur existence, répand, en général, une teinte assez uniforme sur la vie des Coléoptères phytophages, et ôte à l'observation de leurs mœurs cet intérêt plus ou moins puissant qui s'attache à l'étude des travaux de divers autres insectes. Leur existence se passe ordinairement à ronger les feuilles avec des intervalles de repos parfois assez réguliers, et à assurer la perpétuité de l'espèce : chez la *Chrysomela diluta*, l'acte qui tend à cette fin, s'accomplit dans l'ombre ou pendant la nuit.

A partir de septembre 1848, jusqu'à la fin de novembre de la même année, diverses chasses firent tomber entre les mains de M. Wachanru un assez bon nombre de cette Chrysomèle. Vers le commencement d'octobre, il en enferma dans une sorte de cage seize à dix-huit individus, et, peu de jours après, les pontes avaient déjà commencé ; elles se prolongèrent jusqu'à la fin de février 1849.

Lorsqu'elle veut déposer les graines vivantes dont elle est chargée, la femelle se borne ordinairement à appliquer l'extrémité de son ventre contre l'objet auquel elle veut fixer son œuf, et celui-ci s'y attache facilement, grâce à la viscosité dont il est enduit. Une fois, cependant, M. Wachanru fut témoin d'une méthode différente, qui révèlerait un instinct plus conservateur. Une femelle après avoir gratté la terre avec ses pattes, pondit dans la petite cavité ainsi pratiquée, un tas d'œufs déposés successivement à un court intervalle de temps les uns des autres, puis les roula dans la poussière, avec laquelle ils se confondirent bientôt.

En état de liberté, nos Chrysomèles paraissent les fixer principalement aux feuilles, surtout à leur page inférieure, jamais à l'extrémité des tiges. En captivité, elles les collent à tous les objets à leur portée, aux plantes, aux mottes de terre, aux parois de leur prison : le nombre d'œufs dont chaque femelle est chargée peut être, terme moyen, fixé à environ quatre-vingts.

En général, lorsqu'on espère en obtenir de l'état de séquestration dans lequel on a placé des insectes, il faut apporter une attention minutieuse à l'examen des plantes qu'on leur avait données pour aliment, avant de jeter celles-ci et de les remplacer par de plus fraiches ; souvent dans les replis de leurs feuilles flétries se cachent des œufs qui échappent à un coup-d'œil superficiel.

Une partie de ceux obtenus par M. Wachanru me fut envoyée ; nous nous sommes livrés simultanément à l'éducation des insectes dont ils étaient le germe, et du résumé de nos observations est né ce petit Mémoire.

OEuf. L'œuf est long d'environ $0^m,0013$; d'abord d'un blanc rosé, mais passant successivement avec le temps à toutes les nuances qui conduisent au roux brun. Il paraît dans le principe offrir dans le centre une tache blanche qui disparaît un peu plus tard. Sa coque est plus forte, plus robuste, que celle de l'œuf du *Cyrtonus* ; on peut la presser assez fortement avec la main, ou secouer violemment les plantes auxquelles il est collé, sans craindre de la briser.

Larve. Les éclosions commencèrent avec les premiers jours de décembre ; mais l'hiver de 1848 à 1849, fut, on se le rappelle, d'une grande douceur ; des circonstances thermométriques différentes doivent en faire varier l'époque. La larve, en sortant de l'œuf, laisse sur celui-ci des traces évidentes de son passage ; son corps est alors d'une teinte brune, hérissé de poils et d'une forme assez régulière qui doit se modifier dans la suite. A peine a-t-elle quitté sa prison, qu'elle commence à essayer ses premiers pas. Son instinct la guide vers les feuilles les plus nouvelles et les plus tendres, et qui, par cette raison , s'accordent le mieux avec la faiblesse de ses organes masticateurs. Comme l'insecte parfait, elle est nocturne, et jamais on ne la voit se hasarder à chercher sa nourriture pendant le jour , soit qu'un sentiment instinctif l'avertisse des dangers plus nombreux dont elle serait menacée, soit plutôt que la lumière la fatigue et l'importune , comme les êtres en général condamnés à vivre dans les ténèbres. Si, pendant la nuit, l'éclat d'un flambeau vient à la frapper, elle replie son corps en boule comme le hérisson, et se laisse tomber à terre, où elle demeure plus ou moins longtemps immobile. Pendant les heures diurnes, elle cherche un abri qui paraît varier suivant les époques de sa vie. Jeune , elle semble se retirer de préférence dans le cœur des plantes ; plus âgée , on la voit se cacher plus volontiers sous des feuilles ou parmi les mottes de terre.

Du vingt au vingt-cinq décembre, c'est-à-dire trois semaines ou un peu plus après la naissance, eut lieu la première mue. La larve, dans ce second âge montre déjà des différences faciles à saisir : sa couleur est moins sombre ; son corps s'est voûté sensiblement ; il a perdu une partie de ses poils.

La seconde mue s'opère environ un mois plus tard. Chacune de ces épreuves, comme cela a lieu ordinairement chez les insectes, est toujours précédée d'un jeûne pendant lequel le corps est languissant et paraît gêné dans ses mouvements. Après ce second changement de peau le corps s'est voûté davantage, a pris une teinte plus claire, s'est encore dépilé. La description suivante servira à donner une idée de cette larve.

Corps de douze anneaux, la tête non comprise ; oblong ; convexe ; voûté à partir du deuxième segment thoracique, graduellement et sensiblement élargi de ce deuxième anneau au sixième ou au septième, et progressivement rétréci ensuite de celui-ci à l'extrémité. *Tête* convexe ; subperpendiculairement inclinée ; d'un livide jaunâtre ; presque indistinctement chagrinée ; parci-

monieusement hérissée de poils livides ; transversalement déprimée sur le front, dont le bord antérieur est légèrement relevé et faiblement échancré. *Epistome* et *labre* transversaux.
Mandibules presque uniformément larges ; subcornées ; ferrugineuses à la base, brunâtres à l'extrémité ; armées chacune de
cinq dents, qui s'entrecroisent et ferment la bouche en devant à
l'état de repos. *Mâchoires* membraneuses ; à un seul lobe. *Palpes
maxillaires* coniques ; de trois articles, en partie rétractiles.
Palpes labiaux plus grêles, plus petits ; de deux articles. *Yeux*
au nombre de six, disposés sur deux rangées de chaque côté.
Antennes coniques de trois articles, en partie rétractiles. *Anneaux
thoraciques et abdominaux* d'un livide gris verdâtre jusqu'au
sixième segment, graduellement d'un livide testacé ou d'un flave
roussâtre postérieurement ; marqués sur le milieu du dos d'une
ligne longitudinale obscure. Segment prothoracique au moins aussi
large et aussi long que la tête ; recourbé latéralement jusqu'à la
base des pieds ; un peu arrondi à la partie inférieure de ses côtés ;
peu sensiblement relevé en rebord dans sa périphérie ; d'un livide
gris verdâtre, avec les bords plus pâles ; marqué, de chaque
côté, sur la ligne médiane d'une tache brune ou obscure ; parcimonieusement hérissé de poils livides, disposés sur cinq ou six
rangées peu régulières : deuxième et troisième arceaux parés de
chaque côté d'une plaque cornée, brune, semi-circulaire ; plissé
ainsi que les suivants ; parcimonieusement garni de poils livides,
naissant chacun d'un point à peine tuberculeux. Dernier segment
pourvu en dessous de deux mamelons rétractiles, faisant l'office
de pieds. Trois premiers segments munis chacun en dessous d'une
paire de pieds : ceux-ci, médiocrement allongés ; d'une couleur
livide ; armés chacun d'un ongle.

A partir de la seconde mue, la larve devenue plus grosse mange
davantage, et semble douée d'un appétit plus actif, pour se préparer à l'état de nymphe, sous lequel elle se montre vers la fin
de février ou dans les premiers jours de mars.

5

Nymphe. La nymphe est ovale ; assez courte ; ses élytres et ses ailes sont déhiscentes, inférieurement courbées de manière à embrasser une partie des côtés. Son corps a douze anneaux, non comprise la tête : les premier et troisième à peu près égaux, constituant à eux seuls le tiers de la longueur du corps : les troisième à sixième graduellement et faiblement élargis : les sixième à douzième rétrécis, et plus sensiblement à partir du neuvième : le dernier, terminé en pointe. Ces segments sont assez parcimonieusement garnis à leur bord postérieur, de poils spinosules, destinés à favoriser les mouvements de l'animal. En dessous, les pieds sont comme d'ordinaire étendus et croisés sur les parties pectorales. La nymphe est d'abord d'un blanc flavescent Quelques jours plus tard les yeux et l'extrémité des palpes se colorent et forment quatre sortes de points noirs, qui contrastent avec la couleur générale du corps.

Après trois semaines ou un peu plus, c'est-à-dire du vingt au trente mars, l'insecte rejette les langes qui voilaient sa forme la plus gracieuse. Parfois, alors, la pellicule desséchée qu'il a déchirée s'attache à ses pieds ou à d'autres parties de son corps, et il ne peut s'en délivrer qu'après un travail plus ou moins laborieux. A peine s'est-il débarrassé des linceuls qui l'étreignaient comme une momie, que ses élytres molles et flexibles se déploient pour recouvrir le dos de l'abdomen. Le prothorax, le premier à se charger de pigmentum, passe successivement du blanc rosé à l'acajou et au noir plus foncé. Vingt-quatre heures plus tard, les antennes, les pattes et le dessous du corps brunissent aussi. Les élytres, les dernières à se colorer, se montrent d'abord plus obscures à la suture, mais n'acquièrent guère qu'au bout de trois semaines environ leur couleur normale. L'insecte jusqu'alors a peu de vigueur ; on sent qu'il a la conscience de sa faiblesse ; il cherche les lieux obscurs pour y passer dans la retraite les jours nécessaires au complet développement de la beauté de sa robe.

Mais pendant ce temps d'inactivité, les plantes destinées à sa nourriture se flétrissent et se dessèchent sous les feux d'un soleil de plus en plus ardent. Pauvre insecte! n'arriverait-il donc ainsi à la vie que pour en ignorer les douceurs! ne serait-il destiné à préparer la venue de ses descendants que pour les vouer à la mort la plus cruelle, celle de la faim? Rassurons-nous sur son sort. La Providence qui veille avec une sollicitude si attentive sur les petits des oiseaux, n'a pas une prévoyance moins active pour les plus faibles créatures. Pendant les mois brûlants où toute trace de végétation disparaît autour de lui, il éprouve le besoin de s'enfoncer dans le sol, à une profondeur suffisante pour lui empêcher de ressentir trop vivement la chaleur ([1]); mais dès que les nuits moins courtes et plus fraîches de l'approche de l'automne parsèmeront d'un commencement de verdure les coteaux stériles sur lesquels il se plaît, nouvel Epiménide, il sortira de son long sommeil pour entrer dans une vie active. Il utilise alors les derniers mois de l'année et souvent même jusqu'aux approches d'un printemps dont il ne doit pas jouir ([2]). Sa caducité plus ou moins précoce se reconnaît à la décoloration de sa robe; c'est un signe visible qu'ici-bas son rôle est rempli, et qu'il va bientôt disparaître de la scène du monde pour faire place à des acteurs nouveaux.

([1]) En captivité, quand il ne trouve pas assez de profondeur, il ne tarde pas à périr, surtout s'il est soustrait à l'influence bienfaisante de la fraîcheur des nuits.

([2]) Sur les seize ou dix-huit individus emprisonnés, la plupart périrent pendant l'hiver; les deux derniers prolongèrent leur vie jusque à la fin de mars ou vers les premiers jours d'avril.

DESCRIPTION

D'UN

GENRE ET D'UN COLÉOPTÈRE NOUVEAUX

DANS LA FAMILLE

DES **CISTÉLIENS,**

Par E. MULSANT.

(Présentée à l'Académie des sciences, belles-lettres et arts de Lyon,
le 16 décembre 1851.)

GENRE **Hymenophorus**, Hymenophore.

CARACTÈRES. *Tête* presque hexagonale, un peu moins rétrécie
après les yeux qu'au devant de ces organes.

Epistome arqué en devant.

Labre transversal.

Mandibules bifides à l'extrémité.

Palpes maxillaires à dernier article sécuriforme ou presque
cultriforme.

Palpes labiaux à dernier article cupiforme, tronqué à l'extrémité.

Yeux situés sur les côtés de la tête; médiocrement échancrés
en devant par les joues; séparés par un espace plus grand que le
diamètre transversal visible en dessus de l'un d'eux.

Antennes assez courtes; subfiliformes, un peu plus épaisses
dans le milieu; de onze articles : ceux-ci généralement plus étroits
à la base qu'à l'extrémité : le troisième au moins aussi long que le
quatrième : le dernier en ovale allongé.

Prothorax arrondi aux angles de devant, mais plus rapproché
cependant de la forme du carré transversal que de celle du demi-

cercle; à base à peine sinueuse; à peu près aussi large à cette dernière que les élytres à leur partie antérieure.

Prosternum prolongé après les hanches de devant, en forme de lame comprimée.

Pieds assez grêles. *Cuisses* comprimées. *Tibias* subfiliformes. *Tarses* à pénultième article subbilobé, dilaté en forme de lame membraneuse avancée sous l'article unguifère.

Corps suballongé; elliptique; non arqué longitudinalement sur les deux tiers antérieurs des élytres.

L'insecte formant le type de cette coupe se rapproche beaucoup, par ses caractères génériques, des *Prionychus*; il en diffère par la forme de l'épistome, du prothorax, du prosternum et surtout par son corps plus allongé et moins arqué; il semble faire le passage des *Prionychus* aux *Allecula*.

Hymenophorus Doublieri.

Subelongatus, supra parce pubescens, niger nitidus; labro, palpis antennisque fusco ferrugineis : harum articulo ultimo rufo testaceo; elytris crenato-striatis, pedibus fusco-testaceis.

Long. 0ᵐ,0084 à 0ᵐ,0090 (3 3/4 à 4) Larg. 0ᵐ,0028 (1 1/4).

Corps suballongé, en ellipse allongée; d'un noir luisant, en dessus. *Tête* densement couverte de points donnant chacun naissance à un poil fin, court, peu apparent : épistome moins obscur : labre d'un brun ferrugineux. *Palpes* et *Antennes* de même couleur : celles-ci, à dernier article d'un roux testacé; un peu moins longuement prolongées que la moitié du corps; ponctuées; garnies de poils peu épais. *Prothorax* d'un quart plus long que large; arrondi aux angles antérieurs jusqu'à la moitié de ses côtés, subparallèle ensuite; à angles postérieurs presque à angle droit; muni latéralement d'un rebord étroit, invisible aux angles de devant quand l'insecte est vu perpendiculairement en dessus; presque en ligne droite ou faiblement arquée en arrière, peu sensiblement tronquée au devant de l'écusson et légèrement si-

nucuse entre cette faible troncature et chaque angle postérieur,
à la base ; étroitement rebordé à cette dernière ; convexe et incliné aux angles de devant, presque plane aux angles postérieurs;
marqué de points rapprochés donnant chacun naissance à un poil
obscur, fin et peu apparent ; offrant sur la ligne médiane les traces d'un sillon longitudinal plus distinct sur la seconde moitié et
souvent distinct seulement sur celle-ci ; marqué d'une dépression
au devant de chaque subsinuosité basilaire rendant celle-ci plus
sensible. *Écusson* presque en demi-octogone ou en triangle à côtés anguleux ; noir ou d'un noir brunâtre ; ponctué. *Elytres* au
moins aussi larges en devant que le prothorax à ses angles postérieurs ; quatre à cinq fois aussi longues que lui ; subparallèles
jusqu'aux deux tiers de leur longueur, en ogive étroite postérieurement ; peu convexes ; à neuf stries subsulciformes, crénelées
par des points transversaux ; offrant près de la suture une
dixième strie prolongée depuis la base jusqu'au quart de la longueur. Intervalles médiocrement convexes et plus faiblement en devant qu'en arrière ; marqués de points formant, surtout à certain
jour, des rides transversales ; garnis de poils peu apparents. *Des-*
sous du corps d'un brun luisant ; ponctué assez grossièrement sur
la poitrine, moins grossièrement sur le ventre ; garni sur celui-ci
de poils plus apparents. *Pieds* d'un brun testacé.

Cette espèce a été découverte dans les environs de Draguignan,
par mon ami M. Doublier, à qui je l'ai dédiée.

Description de la Larve.

Corps allongé ; semi-cylindrique ; lisse ; luisant ; d'un roux
livide. *Tête* un peu moins longue que large, faiblement rétrécie
d'arrière en avant, depuis l'arceau prothoracique jusqu'à l'épistome ; médiocrement convexe. *Epistome* transversal : *labre* presque carré, un peu plus large que long. *Mandibules* coriaces et
d'un rouge livide à la base, et garnies sur les côtés de celle-ci de
poils raides ; noires et cornées à l'extrémité ; armées à celle-ci de

deux dents : l'inférieure ou postérieure moins longue ou moins avancée que l'autre. *Mâchoires* submembraneuses ; à un seul lobe, élargi de la base à l'extrémité, obliquement coupé et garni à cette dernière de poils spinosules. *Palpes maxillaires* de trois articles : le dernier, plus court, conique. *Palpes labiaux* petits, de deux articles. *Antennes* presque aussi longuement prolongées que le bord antérieur du labre ; de trois articles : le basilaire, subglobuleux, court : le deuxième cylindrique, trois fois aussi long que large : le dernier, court, d'un diamètre au moins de moitié plus étroit que celui du précédent. *Yeux* paraissant représentés par une tache noire, située près de la base des antennes et des angles postérieurs de l'épistome. *Corps* de douze anneaux, non comprise la tête ; d'un roux livide ou d'un roux flavescent, mais formant par l'effet de leur repli une bande transversale plus foncée à la partie postérieure de chaque anneau : les pro et méso-thoraciques d'un tiers : le métathoracique de moitié plus court que les suivants : le dernier, obtusément conique, ou rétréci d'avant en arrière et arrondi à son extrémité : cet anneau concave en dessous et offrant à sa base une sorte d'arceau rudimentaire étroit, et terminé par deux appendices filiformes, servant pour la progression. *Pieds* au nombre de six, situés par paire sous chaque anneau thoracique ; assez courts : jambes armées sur les côtés de petites épines dirigées en avant. *Ongles* assez longs.

Cette larve vit dans les bois de pin. Elle sort de l'œuf ordinairement en automne, quelquefois après l'hiver, passe la majeure partie de l'année à acquérir la grosseur qu'elle doit atteindre dans son état vermiforme, et se transforme en insecte parfait au printemps suivant.

DESCRIPTION

D'UN INSECTE INÉDIT

CONSTITUANT UN GENRE NOUVEAU

PARMI LES COLÉOPTÈRES,

Par E. MULSANT.

(Présentée à l'Académie des sciences, belles-lettres et arts de Lyon,
le 25 novembre 1851.)

GENRE **Diprosopus** : DIPROSOPE.

(Διπρόσωπος, qui a une double figure.)

CARACTÈRES. *Tarses* de cinq articles à tous les pieds. *Antennes*
insérées au devant des yeux; de onze articles; comprimées,
subdentées, plus larges vers le milieu de leur longueur et
rétrécies vers l'extrémité. *Bouche* prolongée en un museau
aussi long que l'espace compris entre la base des antennes
et le bord postérieur des yeux. *Labre* plus long que l'épistome;
échancré ou entaillé à sa partie antérieure. *Mandibules* terminées
en pointe. *Palpes maxillaires* près d'une fois plus longs que la
mâchoire; à dernier article presque cultriforme. *Palpes labiaux*
à dernier article tronqué. *Yeux* globuleux; situés sur les côtés de
la tête; presque contigus sur le front. *Elytres* flexibles. *Ventre*
plissé; de dix arceaux visibles : le dernier plus petit. *Pieds*
allongés, à pénultième article des tarses simple.

L'insecte servant de type à ce genre a une physionomie particulière. Par le nombre des articles de ses tarses, par son ventre plissé, ses pieds allongés et par le développemeut de ses trochanters postérieurs, il se rattache aux Téléphores, dont il s'éloigne par le pénultième article de ses tarses simple, par ses antennes et par la forme de sa tête. Sous le rapport de cette dernière, il se rapproche de quelques Hétéromères, dés Dryops par exemple ; tandis que ses yeux globuleux et presque contigus rappellent une disposition particulière à quelques Cistéliens.

Diprosopus melanurus.

Elongatus , subdepressus ; elytris flavo-testaceis , apice nigris.

Long. 0^m,0112 (5 l.) larg. 0^m,0031 (12/5 l.)

Corps allongé. *Tête* noire depuis l'épistome jusqu'à la partie postérieure, d'un jaune testacé sur le labre. Parties de la bouche de même couleur, moins l'extrémité des mandibules qui est noire. *Antennes* plus longuement prolongées que la moitié du corps; d'un jaune ou rouge testacé. *Yeux* noirs. *Prothorax* presque orbiculaire, un peu plus long que large, ou en carré arrondi à ses angles; peu convexe en dessus, incliné sur les côtés; transversalement sillonné après le bord antérieur, et au-devant mais moins près de la base; sensiblement relevé à ses bords antérieurs et postérieurs; marqué d'une fossette de chaque côté; peu ponctué; d'un rouge testacé ou d'un rouge jaune; parcimonieusement garni de poils peu obscurs. *Ecusson* presque en demi-cercle; de la couleur des étuis. *Elytres* d'un tiers plus larges aux épaules que le prothorax dans son milieu; cinq à six fois aussi longues que lui; subparallèles jusqu'à la moitié, un peu plus larges vers les deux tiers, rétrécies de ce point à l'extrémité qui est obtuse et assez étroite; peu convexes; subruguleuscment couvertes de points confluents assez petits; d'un jaune testacé, avec l'extrémité d'un noir brûlé : cette partie noire couvrant à peine le dernier sixième de la longueur des élytres, à la suture, et le quart postérieur du bord externe; garnies d'un duvet peu apparent et de même couleur que leur surface. *Pieds* d'un jaune testacé : moitié supérieure des cuisses, noire, sur le tiers ou les deux cinquièmes les plus rapprochés des genoux.

Cette espèce m'a été donnée par M. Prophète, comme ayant été prise par lui dans les environs de Nîmes.

NOTE

sur le

BOSTRICHUS TRISPINOSUS

D'OLIVIER,

Par E. MULSANT.

(Présentée à l'Académie des sciences , belles-lettres et arts de Lyon ,
le 2 décembre 1851.)

En passant à Draguignan , sur la fin du mois d'août 1850 ,
mon ami M. Doublier, à qui je suis déjà redevable de bon nombre
de communications intéressantes, me montra un petit Coléoptère
fort curieux, pris par lui quelques jours auparavant, en compa-
gnie de M. Joubert.

Cet insecte qui se rattache au petit groupe des *Apate*, n'était
évidemment mentionné dans aucun des catalogues en notre
possession. Il nous semblait nouveau, et il l'était en effet en
quelque sorte, au moins pour notre faune; car depuis Olivier,
qui l'a décrit sous le nom de *Bostrichus trispinosus* ([1]), il n'en
a plus été fait mention, et vraisemblablement il ne figure dans
aucune collection.

Voici la description qu'en donne l'auteur français : *B. testaceus,
elytris postice fuscis, retusis, spinis tribus armatis. Corpus
minutum, cylindricum. Caput fuscum. Thorax globosus, testaceus, antice fuscus, muricatus. Elytra lævia, testacea, posticè
fusca, retusa, spinis tribus validis armata : prima communi
breviori : aliis arcuatis.*

([1]) Olivier, Entomol. t. 4. n° 77. Bostrichus 19 , pl. 3 , fig. 19 , a , b.

Olivier donne à cet insecte la Mésopotamie pour patrie; mais vraisemblablement il fait erreur sur l'habitat. Cet entomologiste était, comme on sait, des environs de Draguignan; sans aucun doute, après avoir trouvé ce Coléoptère dans son voisinage, il l'aura confondu par mégarde avec les insectes rapportés par lui de son voyage dans l'Orient.

Voici du reste une description plus complète de ce petit animal, destinée à servir d'exposé aux observations qui suivront.

Corps cylindrique. *Tête* enfoncée jusque près des yeux dans le prothorax; perpendiculaire; plane; noire; densement pointillée; hérissée de poils longs, soyeux, et d'un blanc cendré, disposés presque en demi-cercle depuis le bord interne des yeux jusque près de la partie postérieure de la tête, incourbés en devant en forme de panache chez le ♂, plus courts et parfois usés chez la ♀. *Labre* d'un roux testacé; soyeux. *Mandibules* noires. *Antennes* testacées; de neuf articles : le premier une fois plus long que large, faiblement renflé dans le milieu de son côté externe : le deuxième subglobuleux ou ovoïde, un peu moins. long : les deuxième, troisième, quatrième, cinquième et sixième, serrés, étroits, moins longs, pris ensemble, que le premier : les trois derniers constituant une massue plus longue que tous les précédents réunis : les septième et huitième, obtriangulaires, subarrondis à leur angle antéro-interne, plus développés et en forme de dent à leur angle antéro-externe : le septième un peu plus gros que le huitième : le neuvième, deux fois et demie aussi long que large, offrant un peu avant la moitié de sa longueur son plus grand développement transversal. *Prothorax* moins long que large; subconvexement perpendiculaire dans sa moitié antérieure; hérissé sur celle-ci de fortes aspérités, excepté sur un espace semi-circulaire dont le milieu du bord antérieur est le centre; offrant sa dernière moitié (la seule presque visible en dessus) en ovale transversal, luisante, lisse ou peu distinctement pointillée; étroitement rebordé à la base, sans rebord et replié en dessous sur les côtés ; d'un testacé roussâtre ou d'un roux testacé ; souvent avec quelques aspérités, surtout les postérieures, noirâtres ; parfois marqué de trois taches, principalement d'une tache médiaire nébuleuse ou obscure. *Ecusson* presque aussi large à sa base que le tiers de celle du prothorax ; en triangle un peu plus long que large ; obtus, relevé et un peu tronqué à son extrémité ; lisse sur celle-ci, subruguleusement ponctué sur le reste de sa surface ; d'un noir mat. *Elytres* de deux cinquièmes plus longues que larges, prises ensemble ; subcylindriques dans leurs trois cinquièmes antérieurs, rétuses dans leurs deux cinquièmes postérieurs ; chargées d'un calus huméral saillant ; d'un roux testacé ou d'un flave testacé à la base, parfois brièvement, d'autres fois jusqu'au quart de leur longueur, noires ou d'un noir brunâtre (ou parfois seulement d'un roux testacé obscur, quand l'insecte n'a pas eu tout son développement de couleur) jusqu'à la partie rétuse ; lisses, luisantes, mais marquées de petits points presque sériément disposés sur leurs trois cinquièmes antérieurs ; à partie rétuse d'un noir obscur, subruguleusement pointillée et marquée de points plus gros, ornée dans sa périphérie de poils d'un blanc cendré, un peu frisés, garnie sur sa surface d'un duvet clairsemé, parfois peu apparent, la couvrant d'autres fois de petits filaments analogues à ceux de certaines substances cryptogamiques ou à certaines toiles d'araignées, armée sur chaque élytre de deux épines noires : l'antérieure, droite, plus courte, joignant la suture, située sur le milieu de la longueur de ladite partie rétuse, paraissant presque ne faire qu'un avec sa pareille : la postérieure, près d'une fois aussi longue, située vers la partie postéro-externe, incourbée. *Dessous du corps* roux sur l'antipectus, noir sur les parties pectorales suivantes et sur le ventre. *Pieds* d'un roux testacé.

Obs. La couleur varie suivant le développement qu'a pu prendre la matière colorante.

La larve que M. Doublier m'a fourni cette année l'occasion

d'élever, se creuse des galeries qui suivent ordinairement la direction longitudinale des fibres. Elle les remplit des matières pulvérisées qu'elle rejette, et, au sortir de l'état de nymphe, l'insecte s'ouvre des galeries cylindriques et transversales pour arriver au jour.

Ce Coléoptère, par le nombre et la proportion des articles de ses antennes s'éloigne de tous les genres se rattachant au petit groupe auquel il appartient. Ainsi, en suivant le tableau donné par M. Guérin-Meneville (Annales Soc. entom. de France, 2ᵉ série, t. 3 (1845) p. XVI et XVII), il a, comme les *Apate*, les *Xylopertha*, les *Synoxylon* (*Trypocladus* GUÉR.), les deux premiers articles des antennes aussi longs ou plus longs que les suivants, jusqu'à la massue : celle-ci, comme dans les deux dernières coupes mentionnées ci-dessus, est plus longue que le funicule ; mais il s'en éloigne, et même de tous les genres précités, par la partie médiaire de l'antenne qui offre quatre petits articles visibles au lieu de cinq, ce qui réduit à neuf le chiffre total des pièces de cet organe. En conséquence, cet insecte me paraît devoir servir de type pour une nouvelle coupe générique dont le nom de *Enneadesmus* (Ἐννεάδεσμος, ayant neuf articulations) indiquerait le caractère particulier.

DESCRIPTION

D'UN COLÉOPTÈRE NOUVEAU

DU GENRE HOMALISUS,

Par E. MULSANT.

(Lue à la Société Linnéenne de Lyon, le 12 janvier 1852.)

Homalisus Victoris.

Elongatus; prothorace angulis anticis subrotundatis, posticis sub-spinosis, lateribus marginato; lineâ submarginali elevatâ; rubro, disco subfusco, in medio longitudinaliter sulcato, antè basim trans-versè impresso. Elytris coccineis, punctato-striatis : interstitiis elevatis, septimo præcipuè costiformi. Antennis, pectore, abdomine, pedibusque nigris.

Long. 0^m,0072 (5 7/8 l.), larg. 0^m,0020 (7/8 l.).

Corps allongé. *Tête* petite; pointillée; creusée entre les yeux d'un sillon transversal; tuberculeuse à la base des antennes, et marquée, entre celles-ci, d'un sillon peu profond; d'un rouge ou d'un rouge obscur; garnie d'un duvet fin, couché, peu épais, médiocrement apparent. *Mandibules* et *palpes labiaux* rouges. *Palpes maxillaires* inégalement obscurs. *Yeux* globuleux; noirs; situés sur les côtés de la tête. *Antennes* aussi longuement prolongées que la moitié du corps; assez épaisses; filiformes; à deuxième et troisième articles égaux, petits, subglobuleux; à quatrième et cinquième articles presque égaux, plus grands chacun que les deux précédents réunis; noires, avec

la dernière moitié du onzième article rouge ou d'un rouge
testacé un peu obscur ; garnies de poils noirs assez épais,
mi-hérissés. *Prothorax* d'un quart ou d'un tiers moins long
que large ; arrondi aux angles de devant, faiblement rétréci
à partir du tiers des côtés jusque près des angles postérieurs ;
prolongé à ceux-ci en forme de dent un peu latéralement dirigée ;
rebordé sur les côtés ; à peu près sans rebord à la base ; chargé,
en dessus, près de chaque bord latéral, d'une ligne élevée,
longitudinale, un peu arquée en dedans, naissant affaiblie derrière le milieu de chaque œil, près des angles antérieurs,
prolongée jusqu'à la dent de l'angle postérieur, distante du bord
latéral d'un cinquième de la largeur, vers le tiers de la longueur,
point où elle est le plus éloignée de ce bord ; creusé entre ces
deux lignes saillantes d'une impression transversale après le bord
postérieur, et de deux fossettes transversalement placées, un
peu après le milieu de la longueur ; rayé d'un sillon médiaire
n'atteignant ni la base ni le bord antérieur ; convexe longitudinalement sur sa première moitié, plane sur la seconde ; pointillé ;
garni de poils rougeâtres clairsemés et peu apparents ; d'un brun
rouge ou d'un rouge obscur sur son disque entre les lignes
élevées juxta-marginales, rouge sur les côtés à partir de celles-ci.
Repli rouge dans sa périphérie, noirâtre sur son disque. *Ecusson*
rouge ; de moitié plus long que large ; en triangle allongé, à
côtés subcurvilignes. *Elytres* d'un quart au moins plus larges aux
épaules que le prothorax à ses angles postérieurs ; près de six
fois aussi longues que lui ; subparallèles ; obtusément arrondies
postérieurement (prises ensemble) ; à peu près planes en dessus
jusqu'au septième intervalle (y compris le sutural), déclives
en dehors ; à neuf stries marquées de points gros et presque
carrés ; offrant vers la partie humérale du bord externe le
commencement d'une dixième strie ; d'un rouge écarlate ; garnies
de poils de même couleur, fins, peu épais : intervalles à peine
moins étroits que les stries, saillants, rétrécis d'avant en arrière :

le septième, plus sensiblement en forme de côte, naissant de l'épaule et prolongé jusque vers l'angle sutural près duquel il s'affaiblit.

Dessous du corps et *pieds* noirs, ponctués et garnis d'un duvet peu épais : hanches antérieures et tarses d'un brun plus ou moins rougeâtre, au moins vers l'extrémité.

Cette espèce a été trouvée dans le mois d'août dernier (1851) dans le bois de Faillefeu (Basses-Alpes), par mon fils, Victor, à qui je l'ai dédiée. Puisse ce souvenir l'attacher à une science dont l'étude est si pleine de charmes !

Obs. Elle paraît avoir beaucoup d'analogie avec l'*H. sanguinipennis* décrit par M. Küster ; mais à en juger par la description donnée par cet auteur, elle s'en éloigne par la longueur moins grande de ses antennes, par la couleur différente du duvet de ces organes, par celle de son prothorax, etc.

NOTICE

SUR A. J. J. SOLIER.

Par E. MULSANT.

(Lue à la Société Linnéenne de Lyon, le 9 février 1852.)

Dans le cours de l'année 1851 qui vient de finir à peine, nos provinces méridionales de la rive gauche du Rhône ont vu s'éteindre deux nobles intelligences, deux savants unis d'une amitié fraternelle, et les sciences naturelles ont perdu en eux les deux hommes qui, dans ces contrées, leur rendaient le culte le plus assidu et le plus élevé. Vers le commencement de l'été, Requien était frappé à Bonifacio, dans le cours de ses exploration botaniques, et mourait loin d'Avignon sa ville natale, qu'il avait illustrée par ses talents, qu'il avait surtout enrichie de ses dons ; et, quelques mois plus tard, un coup non moins foudroyant enlevait à Marseille un savant modeste, dont l'Entomologie a depuis longtemps proclamé le nom avec gloire, dont l'Institut vient naguères de couronner les travaux.

Antoine-Joseph-Jean Solier, objet de cette notice, naquit à Marseille le 8 février 1792. Il fit ses études dans la maison paternelle, et suivit seulement pendant un an les cours du Lycée de la ville, pour achever de se préparer aux examens d'admission à l'école polytechnique, où il entra à l'âge de seize ans.

Solier avait une aptitude particulière pour les sciences

(Extrait des *Annales de la Société Linnéenne*.)

A. J. J. SOLIER

Naturaliste.

Né à Marseille le 8 Février 1792, mort le 27 Novembre 1851.

exactes, et son goût dominant l'entraînait surtout vers les applications de ces sciences à l'étude de la nature. En l'envoyant à Paris, son père, négociant estimé, rêvait pour lui une carrière brillante dans le génie maritime; le fils, au contraire, tournait de préférence ses pensées vers les mines, carrière pour laquelle la chimie, la minéralogie et la géologie devenaient un complément indispensable de ses études.

Ni l'un ni l'autre de ces vœux ne devait se réaliser. Napoléon, aux yeux de qui l'état militaire l'emportait sur tous les autres, s'apercevant que les élèves les plus distingués de l'école préféraient en général d'autres services, rendit tout-à-coup obligatoire celui des armes, pour les jeunes gens qui auraient obtenu les meilleurs numéros. Cette mesure poussa Solier dans une voie antipathique à ses goûts; il y resta néanmoins enchaîné par le sentiment du devoir; et, si lui-même n'avait confié à l'amitié la répugnance que lui inspiraient ses fonctions, la rigoureuse ponctualité avec laquelle il s'en acquittait, n'aurait jamais pu le faire soupçonner.

Sa conduite ne pouvait manquer de lui attirer l'estime et l'amitié de ses chefs. Longtemps encore après sa retraite, il parlait du lieutenant-colonel Ferrari, comme on rappelle le souvenir d'un père, et il se félicitait des rapports d'inférieur à supérieur entretenus avec le colonel Pinot, directeur des fortifications de Toulon.

Au sortir de l'école polytechnique, Solier passa à celle d'application de Metz, qu'il quitta le 17 février 1813, avec le grade de lieutenant. Il fut placé de suite dans l'état-major du génie, dans le camp d'observation de l'Elbe, commandé par le général Lauriston. Il prit part aux batailles de Bautzen et de Leipzig, aux combats de Golberg et de quelques autres lieux. Après les événements de 1844, il eut successivement pour destination l'île d'Oleron, Marseille et l'île Sainte Marguerite. Le 1er décembre 1815, il revint dans sa ville natale, où il obtint le grade de capitaine d'état-major de seconde classe. Le 23 janvier 1823, il fut envoyé à Montpellier, dans le 1er régiment du génie, qu'il quitta le 23 février 1824, pour rentrer à Marseille, capitaine d'état-major de première classe.

Des revers imprévus avaient enlevé à ses parents une fortune honorablement acquise; leur fils devenait leur unique soutien. On ne saurait dire avec quel bonheur il se consacra à cette noble et pieuse tâche; mais en le voyant auprès d'eux, il était facile de lire dans ses regards combien il était heureux de leur rendre une partie des soins qu'il en avait reçus. L'affection qu'il avait pour les auteurs de ses jours, pour sa mère surtout, tenait du culte; il ne pouvait jamais parler de celle-ci, qui l'a précédé de huit ans dans la tombe, sans sentir quelques larmes humecter ses paupières.

Le désir de leur être utile, le besoin de rester avec eux, lui firent souvent refuser la proposition d'un grade plus élevé, parce qu'il eût fallu, pour l'obtenir, changer de résidence, et par là même, s'éloigner d'eux, ou les obliger à se déplacer, et il ne pouvait se résoudre à s'imposer une si dure privation, ou à leur faire supporter cette fatigue et cet ennui.

Mais en le voyant renoncer à son avancement pour ne plus quitter ses foyers paternels, ses supérieurs voulurent lui faire obtenir une compensation honorifique dont sa modestie s'obstinait à le croire indigne. Sur l'annonce qu'on allait solliciter pour lui la croix de la légion-d'honneur, il insista pour que la demande n'en fût pas faite, alléguant la nullité de ses services. Elle fut accordée le 13 juillet 1832 : un de ses chefs avait été obligé d'user de son autorité pour le décider à accepter cette distinction si bien méritée.

L'amour filial qui l'avait porté à un premier sacrifice, le poussa à demander sa retraite, dès qu'il y eut acquis des droits. Il préféra la voir s'élever à un chiffre un peu moindre, et jouir de tout le loisir nécessaire pour entourer ses vieux parents de

ces soins minutieux et délicats auxquels il savait descendre avec
tant de candeur et de noblesse. Le gouvernement, juste appré-
ciateur de son mérite, eut besoin de son insistance particulière
pour consentir à accueillir sa demande. Le 17 février 1838, il
put connaître enfin la liberté après laquelle il soupirait, et se
dévouer tout entier à ses devoirs affectueux et au culte des
sciences qui depuis longtemps l'avaient captivé.

Solier était d'une activité infatigable et d'une prodigieuse facilité de travail. Aussi, sans jamais laisser en souffrance les
affaires de son service militaire, il consacrait, chaque jour, au
moins deux heures à une promenade hygiénique dans la campagne, et trouvait encore des loisirs. Ceux-ci furent d'abord em-
ployés à la culture d'un petit jardin, dans lequel il aimait à
élever principalement les plantes de la localité, qui avaient attiré
son attention dans ses promenades quotidiennes.

Son goût pour la culture le mit en relation avec feu M. de
Gouffé, chez lequel il eut l'occasion de causer avec divers bota-
nistes. Cette circonstance ne tarda pas à mettre, comme il le
disait, le feu aux étoupes : sa véritable vocation venait de lui
être révélée. Il explora dès-lors le territoire de Marseille avec
une ardeur qu'il sut faire partager à son père tant que celui-ci
put marcher avec facilité. Il entra en correspondance avec divers
personnages plus ou moins célèbres, tels que Duby, l'infortuné
Jacquemont, J. Agardh, Auguste le Prévost, le comte Jaubert,
Lenormand, C. Montagne, et surtout Requien, pour lequel il eut
toujours une affection particulière, et qu'il devait suivre de si près
dans la tombe !

Bientôt la Botanique devint un aliment insuffisant à son activité. L'Entomologie ne tarda pas à le séduire à son tour. Les
insectes n'avaient jamais été, à Marseille, l'objet d'études spé-
ciales; Olivier seul avait exploré en partie l'ancienne Provence,
mais en laissant sur ses pas de nombreuses moissons à recueillir.
Les découvertes de Solier ne tardèrent pas à enrichir les collec-

tïons de divers naturalistes, de Latreille et de Dejean surtout.
Sa correspondance avec ces deux derniers et avec une foule
d'autres entomologistes (¹) français et étrangers stimulait son zèle.
Bientôt, après s'être instruit à la méditation de leurs écrits, il
commença lui-même, en 1833, la série des travaux nombreux
qui ne devaient s'arrêter qu'à sa mort.

Son premier mémoire, celui dans lequel il essaya de diviser
les Buprestides en coupes génériques, révéla de suite les qualités
particulières qu'on se plaît à apprécier dans ses divers ouvrages :
un esprit méthodique, une intelligence remarquable, un coup-
d'œil habile, et surtout une grande conscience dans les recherches. Cette production fut bientôt suivie de quelques autres. Mais
il se sentait le courage et la patience d'attacher son nom à une
œuvre de plus longue haleine; il eut d'abord la pensée de faire
la Faune de Provence, dont la plupart des espèces nouvelles,
inscrites dans le catalogue Dejean, avaient été découvertes par
lui; mais il ajourna, pour en suivre un autre, ce projet qu'il ne
devait pas exécuter. L'entomologiste parisien ci-dessus nommé
venait de terminer la monographie des Carabiques ; Schönherr
avait entrepris celle des Curculionites; il voulut, à son tour,
faire connaître des Coléoptères généralement négligés en raison
de leur robe ordinairement d'un noir uniforme, et, en 1834, il
fit paraître la première partie de ses Etudes sur les *Collaptérides*,
famille correspondant, à peu de chose près, aux deux premières
tribus de celle des *Mélasomes* de Latreille. Il fit précéder ce fas-
cicule de l'*Essai d'une division des Coléoptères hétéromères*,
division d'après laquelle ces petits animaux furent distribués
d'une manière incontestablement plus philosophique et plus naturelle qu'ils ne l'avaient été jusqu'alors.

De sa monographie, partie la plus importante de ses œuvres

(¹) On pourrait citer parmi ceux qui ne sont plus, Géné, Kunze, etc.
La liste des vivants serait trop longue.

entomologiques, il ne reste à paraître que la quinzième tribu, dont il devait, pendant cet hiver, achever de mettre en ordre le manuscrit. La composition de ce long ouvrage a occupé la majeure partie de ses loisirs ou de son temps, pendant les quinze dernières années de sa vie. Beaucoup de naturalistes et divers musées s'empressèrent de mettre à sa disposition tous les matériaux en leur possession; la collection Dejean, qu'il avait si libéralement enrichie, fut peut-être la seule dont la communication lui fut refusée.

En raison de son étendue et surtout du talent et de la conscience avec lesquels il est traité, ce travail restera comme un monument important élevé à la science. Les Collaptérides offraient dans leur couleur exclusivement noire des difficultés particulières pour rendre leurs séparations spécifiques bien tranchées. Peut-être, en raison même de ces difficultés, regrettera-t-on de n'avoir pas vu Solier s'attacher avec un soin plus minutieux à la recherche d'un plus grand nombre de caractères distinctifs des espèces, qui, malgré ses tableaux synoptiques, restent encore parfois difficiles à déterminer. Quel que soit, au reste, le jugement porté à cet égard sur son ouvrage, on ne saurait méconnaître la manière heureuse avec laquelle ces petits animaux sont distribués en tribus et en coupes génériques, ni la précision et souvent l'emploi nouveau des caractères servant à séparer celles-ci; et si l'on réfléchit à l'éloignement de la capitale dans lequel se trouvait l'auteur, aux difficultés à vaincre pour se procurer les livres nécessaires, on aura une idée du mérite qu'il a eu à entreprendre une pareille tâche, et des efforts nécessaires pour l'achever.

Après avoir obtenu sa retraite, en février 1838, Solier s'était fixé, le 1ᵉʳ mai suivant, à Mazargues, campagne dans les environs de Marseille. Il y vécut jusqu'à la mort de son père, arrivée à la fin de septembre 1840, époque à laquelle il revint habiter la ville, avec sa mère, qu'il perdit le 12 juillet 1842.

Privé de ses parents, il trouva dans l'amitié et dans l'étude de nombreuses consolations. Doué d'un cœur aimant et d'une

abnégation poussée jusqu'au sacrifice ; animé d'un sentiment
de répulsion instinctive pour toute pensée d'égoïsme ; d'une
probité inflexible ; d'une tolérance extrême pour toutes les
opinions loyales, fussent-elles entièrement opposées aux siennes;
d'une droiture et d'une franchise incapables de détours ; d'un
caractère naïf et jovial, il avait su sans peine se faire des amis
dévoués.

L'un de ceux-ci, dont le nom revient souvent dans ses écrits,
Arsène Maille, de Rouen, était mort le 31 octobre 1839 ; en
quittant la vie, il lui avait laissé ses livres et ses collections
entomologiques, comme souvenir d'une affection dont l'origine
datait de 1826. A cette époque, Maille, accompagné de madame
Ricard, sa sœur, et de M. Auguste Leprévost, qui s'occupait alors
de botanique, entreprit un voyage dans le midi de la France ; il
vint à Marseille dans le courant de juin, et y vit Solier; leurs
cœurs se furent bientôt entendus, et ils éprouvèrent mutuelle-
ment des sentiments sympathiques dont le temps augmenta la viva-
cité au lieu de l'affaiblir. Le désir de revoir la famille de son
ami, et de faire la connaissance personnelle de M. Audinet-
Serville, depuis longtemps son correspondant particulier à Paris,
poussa Solier, au printemps de 1843, à un voyage en Nor-
mandie. Il donna quelques jours à Lyon à diverses personnes en
relation avec lui ; et après un assez court séjour dans la capitale
et quelques mois de bonheur passés dans la campagne de
madame Ricard, il regagna sa ville natale.

Peu de temps après son retour, le 8 novembre 1843, l'un de ses
amis, M. Giraudy, botaniste instruit, vint se joindre à lui pour ne
le plus quitter. Un autre ami commun, qui avait été l'âme de cette
réunion, Boyer, pharmacien à Aix, devait compléter la petite
société : des motifs particuliers lui empêchèrent de se déplacer (¹).

(¹) Boyer, mort depuis quelque temps, s'était beaucoup occupé
du Coléoptères. Sa collection, assez riche, vient d'être acquise, dans
le mois de novembre dernier, par le petit séminaire d'Aix.

Solier fit bientôt construire, dans un des quartiers retirés de la
ville, pour lui et pour son ami, une maisonnette dont il traça
le plan, et il ne tarda pas à reprendre ses travaux.

La physiologie végétale avait été souvent l'objet de ses médi-
tations. Les études nombreuses auxquelles il s'était livré à l'aide
du microscope, lui avaient rendu très-familier l'usage de cet
instrument, et lui avaient donné une habileté remarquable à
dessiner les objets grossis.

En 1845, l'Académie des sciences de Paris mit au concours,
pour le grand prix des sciences physiques, diverses questions
sur les organes reproducteurs des végétaux inférieurs. Solier
se trouvait dans les conditions les plus favorables pour ré-
pondre à l'appel du corps savant ; mais il hésitait, parce qu'il avait
d'autres travaux commencés. Un de ses amis, M. le professeur
Alphonse Derbès, qui devait être son collaborateur, lui communi-
qua diverses observations qu'il avait faites et bientôt il fut gagné.
Le mémoire présenté à l'Institut obtint une distinction des plus
flatteuses : il fut créé pour lui un second prix qui n'existait pas
dans le programme.

Un voyageur dont les savantes explorations dans le Chili ont
rendu le nom célèbre, M. Cl. Gay, avait offert à l'activité de
Solier un nouvel aliment. Il l'avait prié de se charger, pour
l'ouvrage général dont il préparait la publication, d'une partie
du travail relatif à la Faune des Coléoptères propres à ces loin-
taines contrées, et cette proposition avait été acceptée. Solier
s'était mis à l'œuvre avec cette ardeur qu'il apportait à toutes ses
entreprises. La description des Pentamères, c'est-à-dire des insectes composant la première section, était achevée, et il goûtait
dans l'étude, dans son union fraternelle avec M. Giraudy et dans
l'intimité de quelques autres amis sincères (¹), les tranquilles

(¹) Principalement MM. Roulet, Varsy, Salze, directeur du Jardin
des-Plantes de Marseille et M. le professeur Derbès.

douceurs que la vie peut offrir, lorsque en 1849 un rhume violent le fatigua pendant un mois. En 1850, le mal reparut, et le força à suspendre ses travaux entomologiques et ses excursions dont la recherche des Algues étaient le but. Une suffocation très-pénible et ses jambes enflées à leur partie inférieure le décidèrent, dans le mois d'août, à accepter la visite de trois médecins et les secours de l'art. Leur science rendit la respiration moins pénible et fit disparaître l'enflure. Mais le repos était nécessaire pour seconder les efforts des remèdes. Solier se hâta de mettre à profit l'amélioration qui s'était manifestée dans sa santé pour décrire les Hétéromères du Chili. Ce travail a, sans aucun doute, hâté la fin d'une existence si bien remplie. Le 27 novembre 1851, il fut frappé, vers les dix heures et demie du soir, d'une attaque d'apoplexie foudroyante, à laquelle il succomba en un quart-d'heure, malgré les soins les plus empressés et les plus intelligents et de l'art et de l'amitié.

Il avait fait partie des Sociétés Linéenne de Paris (¹) et Entomologique de France (²); l'Académie royale des sciences de Turin, celle des sciences naturelles et arts de Barcelonne, les Sociétés impériale des naturalistes de Moscou et Linnéenne de Lyon, l'avaient admis au nombre de leurs correspondants (³).

(¹) Fondée en 1820, elle a cessé d'exister en 1827.

(²) Dans l'été de 1841, il adressa à cette Société sa démission, qui fut acceptée le 7 juillet.

(³) Sa collection de Coléoptères est naturellement passée entre les mains de M. Giraudy, qui malheureusement ne s'occupe pas d'Entomologie, et qui vraisemblablement cherchera à s'en débarrasser.

Elle se compose d'environ onze mille espèces représentées par plus de trente mille individus renfermés dans 350 cartons. Elle contient un grand nombre de Coléoptères rares, principalement du Chili et de la Colombie; des types précieux envoyés à Solier par ses correspondants; elle renferme surtout la plupart de ceux qui ont servi à ses publications et sous ce rapport elle a une valeur toute particulière.

Les travaux publiés par lui sont les suivants :

1. Essai sur les BUPRESTIDES.
   (Annales de la Société entomologique de France (séance du 20 février 1833) t. 2
   (1833), p. 261-316 pl. 10, 11 et 12).

2. Observations sur les deux genres *Brachinus* et *Aptinus* du Species
   de M. le comte Dejean.
   (Ann. de la Soc. entom. de Fr. (séance du 1er mai 1833) t. 2 (1833), p. 459-463).

3. Description d'une nouvelle espèce du genre *Gyrinus*.
   (Ann. Soc. entom. de Fr. (séance du 1er mai 1833) t. 2 (1833), p. 464-465).

4. Note sur des apparitions d'ORTHOPTÈRES dans les environs de Marseille.
   (Ann. Soc. entom. de Fr. (séance du 3 juillet 1833) t. 2 (1833), p. 486-489).

   Nouveaux renseignements sur l'apparition des sauterelles et envoi
   de quelques-uns de leurs nids.
   (Ann. Soc. entom. — Bullet. du 4 septembre 1833 t. 2 (1833), p. xlix).

5. Observations sur la tribu des HYDROPHYLIENS et principalement sur
   le genre *Hydrophylus* de FABRICIUS.
   (Ann. Soc. entom. de Fr. (séance du 6 novembre 1833) t. 3 (1834), p. 299-318).

6. Sur les *tarses* des LONGICORNES (extrait d'une lettre adressée à M. Le-
   febvre le 2 juin 1834.
   (Ann. Soc. entom. de Fr. t. 3 (1834), p. 400).

7. Essai d'une division des COLÉOPTÈRES HÉTÉROMÈRES et d'une monographie des COLLAPTÉRIDES. 1re tribu , *Erodiles*.
   (Ann. Soc. entom. de Fr. (séance du 4 juin 1834) t. 3 (1834), p. 439-636 pl. 12,
   13, 14 et 15).

8. Nouvelles observations sur les genres *Aptinus* , *Pheropsophus* et
   Brachinus.
   (Ann. Soc. entom. de Fr. (séance du 4 juin 1834) t. 3 (1834), p. 655-657 pl. 16
   fig. 1 à 7).

9. Observations sur le genre *Dilomus*.
   (Ann. Soc. entom. de Fr. (séance du 6 août 1834) t. 3 (1834), p. 659-670 pl. 17
   et 18).

10. Remarques sur l'*Anthicus instabilis* (extrait d'une lettre écrite à
M. Audinet Serville.)
(Ann. Soc. entom. de Fr. t. 3 (1834), p. LXVI).

11. Extrait d'une lettre adressée à M. Audouin et relative aux BUPRES-
TIDES.
(Ann. Soc. entom. de Fr. t. 3 (1834), p. XCIX c).

12. Description de quelques espèces nouvelles de la famille des
CARABIQUES.
(Ann. Soc. entom. de Fr. (séance du 5 juin 1834) t. 4 (1835), p. 111-121).

13. Description de la *Parmena pilosa* sous ses états.
(Ann. Soc. entom. de Fr. (séance du 3 septembre 1834) t. 4 (1835), p. 123-129 pl.
3 fig. 1 à 7).

14. Prodrome de la famille des XYSTROPIDES.
(Ann. Soc. entom. de Fr. (séance du 3 septembre 1834) t. 4 (1835), p. 229-248).

15. Essai sur les COLLAPTÉRIDES, suite. 2e tribu *Tentyrites*.
(Ann. Soc. entom. de Fr. (séance du 1er octobre 1834) t. 4 (1835), p. 249-414 pl. 5,
6, 7, 8 et 9).

16. Essai sur les COLLAPTÉRIDES, suite. 3e tribu *Macropodites*.
(Ann. Soc. entom. de Fr. (séance du 5 novembre 1834) t. 4 (1835), p. 509-572 pl. 1
et 15).

17. Essai sur les COLLAPTÉRIDES, suite. 4e tribu *Pimélites*.
(Ann. Soc. entom. de Fr. séance du 4 mars 1835) t. 5 (1836) p. 1-195 pl. 1, 2, 3
et 4).

18. Essai sur les COLLAPTÉRIDES, suite. 5e tribu *Nyctélites*.
(Ann. Soc. entom. de Fr. (séance du 1er juillet 1835) t. 5 (1836), p. 303-351 pl. 4
et 7).

19. Essai sur les COLLAPTÉRIDES, suite. 6e tribu *Asidites*.
(Ann. Soc. entom. de Fr. (séance du 1er juillet 1835) t. 5 (1836), p. 403-507 pl. 11,
12 et 13).

20. Mémoire sur quatre genres de la famille des CARNASSIERS TERRES-
TRES (les genres *Stenocheila* LAPORTE, — *Ega* LAPORTE, — *Catapie-
sis* SOLIER, — *Trachelizus* SOLIER.)
(Ann. Soc. entom. de Fr. (séance du 3 juin 1835) t. 5 (1836), p. 589-600
pl. 18).

21. Essai sur les COLLAPTÉRIDES, suite. 7e tribu *Akisites*.
(Ann. Soc. entom. de Fr. (séance du 5 août 1835) t. 5 (1836), p. 635-682 pl. 23
et 24).

22. Description d'une nouvelle espèce du genre *Cryptocephalus* (le
Crypt. Lorei).

(Ann. Soc. entom. de Fr. (séance du 3 août 1836) t. 5 (1836), p. 687-688 pl. 20
fig. A).

23. Réponse à l'examen des genres *Brachinus* et *Ditomus* de
M. Brullé.

(Ann. soc. entom. de Fr. (séance du 4 mai 1836) t. 5 (1836), p. 691-703).

24. Essai sur les Collaptérides, suite. 8e tribu *Adelostomites*.

(Ann. Soc. entom. de Fr. (séance du 19 avril 1837) t. 6 (1837), p. 151-171
pl. 7).

25. Observations sur quelques particularités de la stridulation des insectes et en particulier sur le chant de la cigale.

(Ann. Soc. entom. de Fr. (séance du 19 avril 1837) t. 6 (1837), p. 199-217).

26. Réponse à la note de M. Lacordaire sur l'Habitat de quelques
Mélasomes.

(Ann. Soc. entom. de Fr. (séance du 20 décembre 1837) t. 6 (1837), p. 481-495).

27. Essai sur les Collaptérides, suite. 9e tribu *Tageniles*.

(Ann. Soc. entom. de Fr. (séance du 20 novembre 1837) t. 7 (1838), p. 1-70 pl. 1,
2 et 3).

28. Essai sur les Collaptérides, suite. 10e tribu *Scaurites*.

(Ann. Soc. entom. de Fr. (séance du 21 mars 1838) t. 7 (1838), p. 159-197 pl. 7
et 8).

29. Mémoire sur deux genres remarquables de Curculionites du
Chili (les genres *Eublepharus* Gay et Solier et *Physotorus*, Gay et
Solier.

(Ann. Soc. entom. de Fr. (séance du 21 novembre 1838) t. 8 (1839), p. 1-27 pl. 1
et 2.   (Avec M. Gay.)

30. Rectifications importantes à faire au mémoire sur deux genres
remarquables de *Curculionites du Chili*.

(M. Solier reconnaît que le g. *Eublepharus* doit être rapporté au g. *Lophotus* de
M. Schönherr, et que le g. *Physotorus* est identique avec celui de *Rhyephenes* de
l'auteur suédois, suivant les observations de M. Chevrolat.)

(Ann. Soc. entom. de Fr. (séance du 4 décembre 1839) t. 8 (1839), p. xlix-li).

31. Essai sur les Collaptérides, suite. 11e tribu *Praociles*.

(Ann. Soc. entom. de Fr. (séance du 3 juin 1840) t. 9 (1840), p. 207-369 pl. 9
et 10).

32. Essai sur les Collaptérides, suite. 12° tribu, *Zopherites*.
> (Ann. Soc. entom. de Fr. (séance du 5 août 1840) t. 10 (1841), p. 29-50 pl. 2).

33. Essai sur les Collaptérides, suite. 13° tribu *Molurites*.
> (Memorie della reale Academia delle scienze di Torino, 2° série (séance du 8 mai 1842) t. 6 p. 213-332 pl. 1 à 4).

34. Observations sur les genres *Procrustes*, *Procerus*, *Carabus et Calosoma*, formant la famille des Carabiens de M. Brullé.
> (Studi entomologici pubblicati per cura di Flaminio Baudi e di Eugenio Truqui, Torino 1848, fascicol. 1 p. 48-62).

35. Essai sur les Collaptérides. 14° tribu *Blapsites*.
> (Studi entomologici *Torino* 1848 fasc. 2. p. 146-370 pl. 4 à 15).

36 Sur deux Algues zoosporées, formant le nouveau genre *Derbesia*.
> (Comptes-Rendus des séances de l'Académie des sc. t. 22, p. 375, et t. 23 ; 1126-1129).

37. Mémoire sur quelques point de la physiologie des Algues ; sur les organes reproducteurs des Algues.
> (Annales des sciences naturelles t. 14. cahier 5 (1).

38. La partie de la Faune du Chili, comprenant les Coléoptères Pentamères et Hétéromères, travail destiné à la *Historia física y política de Chile* publiée par M. Gay.

---

(1) Le sujet du prix était : *L'étude des corps reproducteurs ou spores des Algues zoosporées et des corps renfermés dans les anthérides des Cryptogames, telles que chara, mousses, hépatiques et fucacées.* — (Comptes-Rendus, t. 20, p. 665).

DESCRIPTION

DE QUELQUES

HÉMIPTÈRES HÉTÉROPTÈRES

NOUVEAUX OU PEU CONNUS,

Par E. MULSANT et Cl. REY.

(Présentée à la Société Linnéenne de Lyon, le 2 janvier 1852.)

FAMILLE DES SCUTELLERIDES.

Stiretus maculicornis.

*Ovalis, subdepressus, obscurè punctatus, suprà griseus, scutello conco-
lori; prothoracis angulis spinosis, nigricantibus; antennis rubris,
articulis tribus ultimis apice nigris; corpore subtus punctis
nigris sparsis.*

Long. 0^m,0135 (6 l.); — larg. 0^m,0067 (3 l.) à la base des hémélitres; 0^m,0082
(3 3/4 l.) aux angles du prothorax.

Picromerus, AMYOT., Rhynch. p. 55. 27.

Corps ovalaire; presque plane en dessus; en grande partie grisâtre et marqué de points enfoncés obscurs ou noirâtres, assez rapprochés.

Tête d'un gris brunâtre; ponctuée, mais non ridée. *Bec* d'un testacé rougeâtre. *Antennes* rouges, avec les trois derniers articles noirs, sur leurs deux derniers cinquièmes.

Prothorax gris ou d'un gris rougeâtre; paré d'une bordure rouge assez étroite, depuis les angles antérieurs jusqu'à l'épine latérale ; noir ou noirâtre à celle-ci ; dentelé antérieurement sur les côtés.

Ecusson gris, de même couleur à l'extrémité, plus obscur sur les deux tiers basilaires de sa longueur, puis d'une teinte d'un testacé rougeâtre sur la ligne médiane jusqu'aux quatre cinquièmes de sa longueur.

Hémélytres grises sur la corie, d'un brun ou brunâtre bronzé sur la membrane : celle-ci chargée sur les quatre cinquièmes internes de sa largeur de huit ou neuf nervures.

Dessous du corps gris ou d'un testacé rougeâtre ; parsemé de points enfoncés noirs ou noirâtres, de grosseur un peu inégale ; marqué sur la ligne médiane du ventre, ou la partie antérieure de chacun des deuxième à cinquième arceaux, d'une tache punctiforme noire : la dernière, plus grosse, parfois presque carrée.

Pattes grises ou d'un testacé rougeâtre ; ponctuées de noir ou noirâtre : tranche inférieure des cuisses, surtout des postérieures, livide : côté interne des cuisses postérieures, noir : cuisses antérieures armées, en dessous, d'une dent vers l'extrémité.

Hᴀʙ. diverses parties de la France.

Oʙs. M. Amyot paraît l'avoir confondu dans son ouvrage mononymique avec le *P. bidens* qu'il avait décrit dans son *Hist. nat. des ins. Hémipt.* p. 84.

Le *S. maculicornis* se distingue du *P. bidens* par son corps un peu moins densement ponctué en dessous ; par sa tête non ridée ; ses trois derniers articles des antennes noirs à l'extrémité ; son prothorax armé latéralement d'épines moins aiguës, non chargé transversalement vers les deux cinquièmes de sa longueur de deux petits tubercules rougeâtres ; son écusson moins obtus et non blanchâtre à l'extrémité ; la membrane de ses élytres offrant des nervures plus serrées et plus nombreuses ; son corps marqué en dessous de points plus gros, inégaux, très-espacés ; sa poitrine noire, parée de taches rouges ; son ventre orné sur la ligne médiane d'une rangée de taches noires ; ses pattes grises ou d'un testacé rougeâtre ; ses cuisses postérieures noires à leur côté interne.

Cydnus maculipes.

Ovalis , ater ; prothorace hemelytrisque margine externo albo ; tibiis albidis , apice nigris.

Long. 0^m,0056 (2 1/2 l.) — larg. 0^m,0026 (1/5 l.).

Corps ovale ; presque plane ou à peine convexe ; d'un noir un peu luisant, en dessus.

Tête assez finement ponctuée ; relevée et bifestonnée à sa partie antérieure ; ces festons formés par les *joues* : épistome ou lobe moyen prolongé jusqu'à l'entaille. *Antennes* finement pubescentes.

Prothorax sillonné transversalement vers le milieu de sa longueur ; marqué de points plus gros que ceux de la tête , assez serrés sur le sillon , peu rapprochés postérieurement ; orné latéralement d'une bordure blanche étroite.

Ecusson triangulaire ; prolongé jusqu'aux trois cinquièmes de la longueur des hémélytres ; ponctué.

Hémélytres plus densement ponctuées que la moitié postérieure du prothorax ; parées d'une bordure blanche assez étroite ; au côté externe de la corie ; à membrane d'un blanc livide roussâtre.

Dessous du corps noir ; grossièrement ponctué sur la poitrine, finement sur le ventre.

Pattes noires : tibias et tarses blancs ou d'un blanc livide : celles là , noires à l'extrémité.

H_{AB}. le midi de la France.

Cydnus tarsalis.

*Ovalis, ater, membranâ hemelytrorum et tarsis albis; antennarum
articulis primo et secundo rufo-brunneis.*

Long 0^m,0045 (2 l.), — larg. 0^m,0022 (1 l.).

Corps ovale ou ovale-oblong; presque plane; d'un noir mat,
en dessus.

Tête marquée de points assez gros, ronds et presque confluents; arrondie et à peine relevée en rebord à sa partie antérieure : *joues* ou lobes latéraux enclosant l'*épistome* ou lobe
moyen, et le dépassant d'un huitième environ de la longueur de
la tête. *Bec* d'un rouge brun. *Antennes* de même couleur sur les
deux et parfois trois premiers articles, d'un brun noir sur les
derniers : ceux-ci pubescents.

Prothorax creusé, après le milieu de sa longueur, d'un sillon
transversal large, peu profond, non prolongé jusqu'aux bords
latéraux; marqué de points un peu plus gros et moins rapprochés
dans le sillon que sur le reste de sa surface.

Ecusson triangulaire; prolongé au moins jusqu'aux trois cinquièmes de la longueur des hémélytres; ponctué; déclive et très-
légèrement concave à sa partie postérieure.

Hémélytres ponctuées; chargées, en dehors de la clé, de deux
nervures : l'une, naissant de la base, prolongée en ligne longitudinale un peu irrégulière jusqu'à l'extrémité de la corie :
l'autre, au côté interne de celle-ci, presque parallèle ou faiblement divergente, souvent peu marquée à sa partie antérieure.
Membrane blanche ou blanchâtre.

Dessous du corps et *pattes* noirs : tarses blancs.

Hab. le midi de la France.

GENRE **OPLOSCELIS**.

(Ὅπλον, arme ; Σκελίς, jambe.)

Les insectes de cette coupe s'éloignent, par leur pattes épineuses, des *Sciocoris*, dont ils ont les autres caractères. Ils semblent faire le passage des *Nudipèdes* aux *Spinipèdes* de M. Amyot. L'espèce suivante sur laquelle est fondé ce genre, a, en effet, comme tous les Spinipèdes en général (*Cydnus* FABR.) les tibias épineux, et, comme les *Brachypelta* de M. AMYOT en particulier, les cuisses, les tarses et le prothorax ciliés ; mais la forme de la tête, l'habitus général, etc., la rattachent aux *Sciocoris* de FALLEN.

Oploscelis ciliata.

Breviter ovalis, leviter convexa ; punctata, grisea, maculis lineisque obscuris variegata ; scutello basi utrinque pallido ; capite prothoraceque fusco-ciliatis.

Long. 0ᵐ,0056 à 0ᵐ,0067 (2 1/2 à 3 l.) — larg. 0ᵐ,0045 (2 l.)

Corps en ovale très-court ; légèrement convexe ; couvert de points enfoncés obscurs.

Tête presque semi-circulaire ; légèrement entaillée en devant ; grise, avec des points enfoncés obscurs ; ornée sur le vertex de deux linéoles brunes, brisées, un peu convergentes ; parée de deux bandes latérales de même couleur, quelquefois effacées ; ciliée, sur les bords, de poils raides, courts, obscurs. *Yeux* petits ; globuleux ; noirs. *Bec* testacé, noir à l'extrémité.

Antennes courtes ; testacées, avec l'extrémité du dernier article obscure.

Prothorax court ; transversal ; trois fois plus large que long ; un peu plus étroit en avant ; arrondi antérieurement ; fortement échancré au bord antérieur ; tronqué au milieu de la base, obliquement et sinueusement entaillé à celle-ci au-devant des

épaules ; transversalement déprimé vers le milieu ; gris, marqué
de deux points enfoncés obscurs ; noté de deux cicatrices transversales variées de brun, et de deux bandes longitudinales juxta-
marginales brunes : ces bandes, formées de deux traits,
postérieurement interrompues ou raccourcies ; bords latéraux
pâles.

Ecusson allongé ; arrondi à l'extrémité ; gris, avec des points
enfoncés obscurs ; orné d'une tache pâle aux angles antérieurs ;
paré de trois bandes obscures à la base : une médiane et deux
latérales : celles-ci, joignant les taches des angles.

Hémélytres de la largeur du prothorax à leur base, étroites
postérieurement, atténuées laissant à découvert les bords latéraux de l'abdomen ; grises, couvertes de points enfoncés obscurs
et quelquefois de taches brunes au bord postérieur de la corie :
membrane grise, quelquefois maculée de brun.

Dessous du corps parcimonieusement ponctué ; pâle, avec
la base du ventre couleur de chair ; orné sur la poitrine de
quelques taches latérales brunes, et, sur le ventre, de quatre
bandes longitudinales obscures, souvent effacées.

Pattes pâles. *Cuisses* ciliées en dessous de poils spiniformes,
noirs.

Tibias armés, de tous les côtés, de fortes épines de même
couleur.

Tarses ferrugineux, obscurs à l'extrémité ; ciliés en dessous de
poils spiniformes.

Hab. les environs d'Aiguemortes, sur le *Melilotus altissimus.*
Juin. Assez commune.

Sciocoris angustipennis.

*Ovalis, subdepressus, testaceus, nigro aut obscurè-punctatus ; capitis
lateribus antè oculos emarginatis ; thorace sulco transverso, angulis
anticis proeminentibus, subrotundatis ; scutello posticè corià hemelytrorum latiore ; membranà quadrinervosà.*

Long. 0ᵐ,0056 à 0ᵐ,0067 (2 1/2 à 3 l.) larg. 0ᵐ,0033 à 0ᵐ,0039 (1 1/2 à 1 3/4 l.).

Corps ovalaire ; presque plane ou à peine convexe ; d'un testacé jaunâtre, d'un flave cendré ou d'un cendré testacé ; marqué de points enfoncés obscurs ou noirâtres.

Tête plus longue qu'elle n'est large entre les yeux ; arrondie ou parfois presque en ogive en devant ; à lobe médiaire enclos par les latéraux et non visible jusqu'au bord antérieur ; légèrement relevée en rebord dans sa périphérie ; entaillée, à celle-ci, au devant de chaque œil ; plus ou moins foncée suivant que les points sont noirs ou peu obscurs ; offrant ordinairement chez les individus d'une teinte plus claire, deux lignes longitudinales nébuleuses ou noirâtres, suivant chacune la suture qui sépare le lobe moyen des latéraux. *Yeux* bruns ; saillants. *Bec* d'un jaune testacé ; à extrémité noire.

Antennes plus longuement prolongées que le bec ; d'un jaune testacé, avec l'extrémité du troisième article, la presque totalité du quatrième et le cinquième bruns ou brunâtres ; à deuxième article au moins aussi grand que le troisième ; hérissées, sur leurs trois derniers, de poils fins, assez courts et peu épais.

Prothorax près de trois fois aussi large qu'il est long dans son milieu ; en ligne droite sur le tiers médiaire environ de son bord antérieur ; d'un cinquième plus avancé aux angles de devant ; subarrondi ou en ogive à ceux-ci ; coupé en ligne oblique et souvent un peu sinueuse, des côtés de l'écusson aux angles postérieurs ; généralement marqué, vers le milieu de sa longueur, ou un peu après, d'une dépression ou sorte de sillon transversal plus ou moins affaibli, et non prolongé jusqu'aux bords latéraux ; chargé d'un tubercule, près de chaque angle postérieur ; offrant, chez les variétés médiocrement pâles, la continuation des deux lignes obscures de la tête : ces lignes postérieurement divergentes et à peine prolongées jusqu'à la base.

Ecusson atteignant à peine les trois cinquièmes de l'abdomen ;

en triangle arrondi à l'extrémité; plus large que la corie à la partie postérieure de celle-ci; noté, à la base, près de chaque bord latéral, d'une tache noire ou point allongé parfois peu marqué; quelquefois chargé au côté interne de celui-ci d'un petit tubercule ponctiforme de teinte claire; offrant ordinairement sur la ligne médiane une carène obtuse le plus souvent sillonnée, quelquefois peu prononcée, en général non prolongée jusqu'à l'extrémité.

Hémélytres rétrécies en ligne un peu sinueuse ou arquée en dedans, à partir du quart ou du tiers de la longueur de l'abdomen; laissant à découvert une partie du dos de celui-ci, entre leur bord externe et la tranche. Membrane d'un blanc cendré; souvent raccourcie; chargée ordinairement de quatre nervures. Tranche de l'abdomen ornée de bandes transversales brunes, formées par des points noirâtres: ces bandes couvrant la partie postérieure de chaque segment ventral et au moins une partie du bord antérieur du suivant, souvent en laissant l'articulation plus claire.

Dessous du corps et pattes d'un jaune testacé; marqués de points enfoncés noirs, obscurs ou nébuleux.

Hab. le midi de la France; assez commune.

Obs. La couleur foncière est le testacé jaunâtre; mais la teinte du corps varie suivant que les points sont noirs ou noirâtres ou à peine obscurs; dans le premier cas, l'insecte paraît grisâtre : dans le dernier, d'un jaune testacé. Chez les individus les plus pâles, c'est-à-dire ceux chez lesquels la matière colorante a fait défaut, les antennes sont unicolores; les lignes obscures de la tête et du prothorax indistinctes; la carène de l'écusson peu ou point marquée; les hémélytres non prolongées jusqu'à l'extrémité de l'abdomen; le dessous du corps à peine ponctué d'obscur, surtout sur le ventre. Chez les individus les plus foncés, le ventre est, au contraire, très-obscur et présente pour ainsi

dire six larges bandes longitudinales, noirâtres dont les deux
médianes plus foncées.

Néanmoins cette espèce se distingue toujours facilement du
Sc. umbrinus Wolff, par son corps en ovale un peu plus allongé;
par sa tête plus longue, sensiblement entaillée au devant de
chaque œil; par son prothorax coupé en ligne droite sur le tiers
médiaire de son bord antérieur, et plus avancé, d'un cinquième
de sa longueur totale, aux angles de devant; par son écusson
moins rétréci, plus large que la corie au niveau de l'extrémité
de celle-ci; par ses hémélytres coupées en ligne oblique et un
peu sinueuse, à partir du quart ou du tiers des côtés du ventre,
en laissant à découvert, entre elles et la tranche, une partie
assez notable du dos de l'abdomen; par la membrane n'offrant
généralement que quatre nervures.

Elle semble se rapprocher, par la longueur de la tête et l'entaille située au devant des yeux du *Sc. europœus* Serville et Amyot
que nous ne connaissons pas; mais elle doit en être différente,
puisque le deuxième article des antennes est au moins égal au
troisième. D'ailleurs, les caractères distinctifs, indiqués ci-dessus
n'auraient pas échappé à l'œil perspicace de M. Amyot, qui décrit de la manière suivante son *Machsacus (Sc. europœus)* : « sem-
« blable à la précédente (*l'umbrinus*), mais le second article des
« antennes plus court que le troisième. Nous ne pouvons préci-
« ser d'autre caractère différentiel que celui-là, si ce n'est que
« le corps et la tête paraissent un peu plus allongés. »

Pentatoma lineolata.

Breviter ovalis, convexa, punctata, testacea, lineolâ pallidâ longitu-
dinali notata; scutello pallidè binotato; capite ventreque fusco-
œneis; antennis externè obscuris.

Long. 0,0056 à 0,0061 (2 1/2 à 2 3/4 l) larg. 0,0033 (1 1/2 l)

Corps brièvement ovale; convexe; marqué de points enfoncés
obscurs.

Tête allongée ; sinueusement rétrécie et légèrement fendue en devant ; fortement ponctuée ; obscure, avec quelques petites taches pâles, savoir : deux latérales, au devant des yeux : cinq le long de la partie postérieure, dont l'intermédiaire, linéaire, s'avance jusqu'au milieu du front. *Yeux* petits ; globuleux ; noirs. *Bec* testacé, obscur à l'extrémité.

Antennes pubescentes ; testacées, avec les deux derniers articles noirs.

Prothorax transversal, légèrement dilaté au devant des épaules, fortement rétréci en avant, avec les côtés légèrement sinueux et rebordés ; à base entaillée en demi-cercle vers les épaules ; testacé ; couvert de points enfoncés obscurs ; marqué d'une grande tache brune , plus ou moins obsolète, située de chaque côté, près des angles antérieurs ; avec deux cicatrices lisses, le rebord et une ligne médiane, pâles : celle-ci, faisant suite à celle de la tête.

Ecusson allongé ; à côtés sinueux ; marqué de points enfoncés brunâtres ; testacé, légèrement obscurci à la base ; orné de deux taches basilaires situées vers les angles, et d'une ligne médiane, pâles : celle-ci, plus ou moins obsolète, faisant suite à celles de la tête et du prothorax.

Hémélytres sinueuses vers les épaules ; couvertes de points enfoncés bruns ; testacées ; ornées de deux petites taches obscures, à l'extrémité de la corie. Membrane pâle.

Dessous du corps testacé sur la poitrine, avec des points enfoncés bruns et quelques taches de même couleur ; d'un noir cuivreux sur le ventre, avec l'anus et quelques petites taches latérales peu apparentes, ferrugineuses.

Pattes courtes ; pubescentes ; testacées ; finement ponctuées de brun, avec quelques petites taches de même couleur, près de l'extrémité des cuisses et à l'extrémité des tibias. Tarses testacés , obscurs à l'extrémité.

Hab. les environs de Lyon , de Cluny (Saône et Loire) ; rare; dans les bois de chêne.

Obs. Cette espèce tient le milieu entre la *Pentat. intermedia* Wolf et la *Pentat. melanocephala* Fabr. Elle diffère de la première, par sa taille qui est plus étroite, son prothorax moins dilaté, son ventre plus obscur, son écusson unicolore à l'extrémité et par la ligne médiane pâle qui de la tête se prolonge jusqu'à l'écusson; elle s'éloigne de la seconde, par son corps plus étroit, et par l'absence de tache semi-circulaire bronzée à la base de l'écusson.

Pentatoma annulata

Breviter ovalis, subdepressa, livido-fuliginosa, punctis obscuris impressa, antennarum articulis tribus ultimis nigris, basi albo-annulatis; scutello apice albido; abdominis margine nigro in medio segmentorum flavo testaceo; corpore subtùs et pedibus pallidis, nigro-punctatis.

Long. 0^m,0084 (3 3/4 l.) Larg. 0^m,0056 (2 1/2 l.)

Corps brièvement ovale; faiblement convexe; d'un livide fuligineux, marqué de points obscurs assez rapprochés.

Tête plus densement ponctuée; d'une teinte légèrement verdâtre ou bronzée; arrondie en devant et entaillée à l'extrémité du lobe médiaire. *Yeux* d'un gris brun. *Bec* livide, à extrémité noire.

Antennes un peu plus longuement prolongées que la moitié du corps; hérissées de poils très-courts; à premier article d'un blanc livide ou jaunâtre : le deuxième, plus long que le troisième, en partie d'un blanc jaunâtre, en majeure partie noir, surtout en dessous : le troisième, près de moitié plus court que le quatrième, d'un blanc livide sur son tiers basilaire et peu distinctement à l'extrémité, ainsi que le quatrième : le cinquième d'un blanc livide seulement à sa base.

Prothorax échancré en devant; tronqué à la base au devant de l'écusson, en ligne courbe des côtés de celui-ci aux angles postérieurs; faiblement rebordé et relevé en rebord sur les côtés;

d'un blanc livide sur le rebord , d'un livide fuligineux sur le reste,
légèrement teinté de rouge de chair sur son disque ; chargé de
deux points tuberculeux d'un blanc livide , transversalement situés vers le tiers ou un peu moins de la longueur , dans la direction longitudinale du côté interne de chaque œil.

Ecusson prolongé jusqu'aux trois cinquièmes de l'abdomen ;
de la teinte du prothorax ; chargé de deux petits tubercules ponctiformes d'un blanc livide , situés chacun à la base , près de chaque angle antérieur ; d'un blanc livide à l'extrémité : cette partie
blanche échancrée en forme de bordure.

Hémélytres d'un livide fuligineux , à légère teinte carnée.
Membrane translucide à teinte bronzée ; chargée de six à huit nervures. Tranche de l'abdomen débordant les hémélytres , noire,
avec le tiers médiaire de chaque arceau d'un jaune testacé : la
partie noire formant deux taches en dessous , sur les côtés du
ventre.

Dessous du corps et pattes d'un blanc livide ou jaunâtre ,
ponctués de noir : extrémité des tibias , premier et troisième article des tarses, obscurs. Articulation femoro-tibiale marquée
d'un point noir.

Hab. les environs de Lyon.

Pentatoma roseipennis

Ovalis , viridis ; hemelytrorum membranâ roseâ ; segmentis abdomina-
libus lateribus puncto nigro ; antennarum articulo tertio quarto bre-
viore.

Long. 0,0090 à 0,0100 (4 à 4 1/2 l) larg. 0,0056 (2 1/2 l).

Corps ovale ; à peine convexe.

Tête verte ; ponctuée ; subarrondie à sa partie antérieure :
joues ou lobes latéraux enclosant l'*épistome* ou lobe moyen, et
le dépassant d'un sixième ou d'un cinquième de la longueur totale de la tête. *Ocelles* obliques ; d'un jaune livide, à pupille

noire. *Bec* d'un vert jaunâtre, à ligne dorsale obscure ou rougeâtre.

Antennes vertes, à dernier article, et parfois à deuxième, d'un vert rougeâtre ; à troisième article, d'un sixième moins long que le quatrième [1].

Prothorax et *Ecusson* verts ; ponctués : le dernier d'un blanc verdâtre à sa partie postérieure.

Hémélytres à corie verte, ponctuée ; à membrane rose ou rosée.

Dessous du corps vert, ordinairement paré d'une bordure rouge sur les côtés de l'antépectus, sur le repli de la corie et les côtés du ventre. Tranche marginale de celui-ci, marquée d'un point noir à l'extrémité de chacun des cinq premiers arceaux. Antépectus le plus souvent noté d'un point semblable sous les angles du prothorax.

Pattes vertes.

HAB. les environs d'Aiguemortes, d'Arles, de Marseille etc.

OBS. Vivante, elle est ordinairement d'un beau vert, avec l'extrémité de l'écusson d'un blanc verdâtre et la membrane rose ; quelquefois, surtout après la mort, tout le corps, moins l'extrémité de l'écusson, est rosâtre ou d'un rose testacé. Parfois les antennes et les pieds conservent encore leur couleur verte.

Ordinairement le dessous du corps est paré sur les côtés d'une bordure rouge ; souvent celle-ci disparaît, au moins en partie ; chez les individus rosâtres, elle passe au jaune de nuance variable.

[1] Ce caractère pourrait permettre de séparer des autres Pentatomes, sous le nom générique de *Brachynema*, les espèces qui présentent ce caractère.

Pentatoma pinicola.

Ovalis, cinereo-virescens, punctata ; scutello apice albo ; tibiarum apice et tarsis fuscis ; rostro marginem posticam segmenti secundi ventris attingente.

Long. 0,0123 (5 1/2 l.) Larg. 0,0072 (3 1/4 l.)

Corps ovale; très-faiblement convexe ; ponctué ; d'un cendré gris verdâtre.

Tête rugueuse ; en ogive obtuse, en devant : lobe moyen sensiblement rétréci vers ses deux cinquièmes basilaires, subparallèle ensuite, à peu près aussi avancé que les latéraux. *Yeux* verdâtres. *Bec* d'un livide testacé verdâtre, à extrémité noire ; prolongé jusqu'à l'extrémité du deuxième arceau ventral.

Antennes moins longuement prolongées que le bec ; brièvement et peu densement pubescentes ; à premier article d'un verdâtre testacé : le deuxième d'un vert obscur : les suivants, noirs : le deuxième plus court que le troisième.

Prothorax trois fois plus large que long, dans son milieu ; échancré au bord antérieur ; presque en ligne droite à la base, au devant de celle de l'écusson ; ruguleusement ponctué ; chargé de deux tubercules médiocrement saillants, situés chacun près du bord antérieur, dans la direction des yeux; creusé longitudinalement d'une impression sulciforme, située près de chaque bord latéral, naissant près des angles de devant, plus profonde et plus large vers les trois cinquièmes de la longueur, prolongée en s'affaiblissant jusque près des calus des angles postérieurs ; cette dépression faisant paraître légèrement relevés en rebords les côtés qui ne sont pas rebordés : le rebord, d'un jaune testacé ; marqué, derrière les tubercules, d'une dépression transversale très-faible, ne dépassant pas le côté interne de ces tubercules.

Ecusson prolongé jusqu'aux trois cinquièmes des hémélytres ;

en triangle subparallèle dans son dernier tiers et arrondi à l'extrémité ; transversalement déprimé vers les deux cinquièmes ; d'un blanc livide à l'extrémité.

Hémélytres plus uniment et un peu moins fortement ponctuées que le prothorax et l'écusson ; ne couvrant pas toute la partie supérieure de la tranche de l'abdomen : celle-ci noire à sa partie interne, parée extérieurement d'une bordure festonnée, d'un jaune pâle, n'égalant pas la moitié de sa largeur. Membrane translucide.

Dessous du corps et *pattes* d'une couleur analogue à celle du dessus : extrémité des tibias et tarses bruns ou brunâtres.

Hab. les parties montagneuses du département du Rhône, sur les pins. Assez commun.

Obs. Cette espèce a beaucoup d'analogie avec la *P. juniperi* Lin. Elle s'en distingue par la couleur de son corps qui n'est jamais franchement verte ; par ses antennes noires sur les trois derniers articles et obscures sur le deuxième ; par son bec prolongé jusqu'à l'extrémité du deuxième arceau du ventre ; par son prothorax chargé de deux tubercules plus marqués, creusé latéralement d'un sillon plus prononcé, n'offrant pas ordinairement sur les côtés la marque d'un rebord ; par son écusson presque parallèle dans son tiers postérieur, plus obtus postérieurement ; par ses hémélytres laissant la tranche en partie visible ; par la bordure jaune de celle-ci plus étroite, etc.

Pentatoma melanocera.

Ovalis, subdepressa, flavo-testacea aut flavo-fuliginosa, nigro-punctata ; scutello basi obscuriore, apice dilutiore, parte media tumefacta ; prothoracis angulis posticis obtusis, illius antice capiteque nigro-subvittatis ; margine abdominis hemelytris non operto.

Long. 0,0135 (6 l.) Larg. 0,0078 (3 1/2 l.).

Corps ovale ; ponctué ; à peine convexe.

Tête d'un jaune pâle ; ridée ; marquée de points enfoncés noirs ou noirâtres qui lui donnent une teinte d'un jaune fuligineux : ces points paraissant former une bordure latérale et trois bandes longitudinales postérieures, noirâtres.

Antennes noires ; à premier article d'un livide rosâtre.

Prothorax à angles postérieurs obtus ; d'un jaune pâle ; marqué de points noirs qui lui donnent une teinte fuligineuse ou légèrement bronzée : ces points formant sur la partie antérieure quatre sortes de bandes longitudinales : les médiaires courtes : les latérales laissant le bord externe d'un jaune pâle, prolongées jusqu'aux angles postérieurs : ceux-ci, à peine aussi foncés que ceux de devant.

Ecusson, sur sa partie médiaire, d'une teinte analogue à celle du prothorax, plus noirâtre à la base, plus jaunâtre à l'extrémité ; tuméfié sur le tiers médiaire environ de sa longueur, presque en forme d'accent circonflexe renversé : cette partie sillonnée dans son milieu.

Hémélytres d'un flave fuligineux ; débordées par la largeur de la tranche, à partir de l'extrémité du premier arceau ventral. Tranche ornée de bandes transversales noirâtres, confuses.

Dessous du corps d'un livide verdâtre : poitrine sans points noirs latéraux. *Pattes* : cuisses d'un livide jaunâtre : tibias graduellement rougeâtres vers leur extrémité. *Tarses* de même couleur.

Hᴀᴅ. la Grande Chartreuse, Chamounix. Rare.

Oʙs. Elle a beaucoup de rapports avec la *P. nigricornis* Fᴀʙʀ. On peut encore, avec plus ou moins de peine, reconnaître les bandes noires de la tête et du prothorax qui se remarquent sur celle-ci ; les taches de la base de l'écusson sont plus confuses. Mais elle s'éloigne de toutes les variétés qui nous sont connues de la *P. nigricornis* par une forme plus large ; par les angles du prothorax plus obtus, moins noirs ; par son écusson gonflé dans sa partie moyenne ; par ses hémélytres laissant la tranche visible sur toute sa largeur, à partir du bord postérieur du premier arceau.

FAMILLE DES CORÉIDES.

GENRE CHOROSOMA 2ᵉ division.

Antennes courtes, à dernier article en bouton ovale. — *Premier article des tarses* seulement deux fois plus long que les suivants réunis.

Chorosoma brevicorne.

Lineare , depressum , fortiter punctatum , griseum ; capite prothoraceque vittis quatuor obscuris , pectore abdomineque duabus lateralibus nigris ; antennarum articulo ultimo medio infuscato.

Long. 0,0090 (4 l.) larg. 0,0015 (2/3 l)

Corps linéaire ; plane ; ponctué.

Tête en carré long ; avancée en pointe entre les antennes ; rugueusement ponctuée ; d'un gris jaunâtre , avec quatre bandes longitudinales obscures : deux, rapprochées sur le disque : deux, sur les côtés. *Yeux* déprimés ; d'un gris obscur. *Bec* pâle, légèrement rembruni au milieu.

Antennes, courtes; à premier article très-épais; d'un gris testacé , avec le dernier article obscur au milieu.

Prothorax en carré long; un peu plus étroit en avant; pas plus large , à cette partie , que la tête ; légèrement échancré à son bord antérieur; sinueux au milieu de sa base; caréné sur son disque ; grossièrement ponctué ; d'un gris jaunâtre ; marqué de chaque côté de deux dépressions , occupées par des bandes longitudinales faisant suite à celles de la tête.

Ecusson cordiforme ; d'un gris obscur,

Hémélytres souvent rudimentaires ; de la largeur du prothorax à leur base ; fortement ponctuées ; d'un testacé grisâtre.

Abdomen sublinéaire ; marqué sur le dos d'une bande longitudinale obscure.

Dessous du corps d'un gris testacé, avec deux bandes latérales noires.

Pattes pâles; finement ponctuées de noir.

Hab. les environs de Montpellier. Rare.

Obs. Les bandes obscures de la tête et du prothorax sont souvent effacées.

La forme du dernier article des antennes et celle des tarses distinguent suffisamment les insectes de cette division des véritables *Chorosoma* Curtis; ils semblent, par là, lier ces derniers aux *Myrmus* Hahn. Dans ces deux derniers genres, le premier article des tarses est trois fois plus long que les suivants réunis.

FAMILLE DES **LYGÉIDES.**

Heterogaster depressus.

Subelongatus, depressus, bruneo-rubidus, parciùs pube brevi lentè subvestitus; prothorace transversim depresso, posticè cinereo-rufescente, punctis rarioribus obscuris; ventre rufescente, anticè sulcato; pedibus livido-rufescentibus.

Long. 0,0078 (3 1/2 l.) larg. 0,0033 (1 1/2 l.).

Corps suballongé; plane; garni en dessous d'un duvet court, fin, laineux, couché, peu épais et peu apparent.

Tête brun rouge; finement rugueuse. *Yeux* bruns. *Bec* d'un livide testacé, à extrémité obscure; prolongé jusqu'au troisième arceau ventral.

Antennes d'un brun rouge, un peu plus claires que la tête.

Prothorax élargi d'avant en arrière; à peine échancré en devant; en ligne à peine arquée ou anguleuse en arrière, à la base; muni à celle-ci d'un rebord étroit, moins élevé que les parties situées au devant et par là peu apparent; presque plane; creusé vers le milieu de sa longueur d'un sillon ou dépression transversal; chargé d'un petit tubercule aux angles postérieurs;

d'un rouge brun sur sa moitié antérieure, d'un cendré rougeâtre sur la postérieure ; assez densement ponctué sur la première, parcimonieusement sur la seconde.

Ecusson triangulaire ; ruguleusement ponctué ; d'un brun rouge.

Hémélytres d'un brun rouge à la base, plus rouges à l'extrémité de la corie : celle-ci chargée de deux nervures divergentes : l'externe, subparallèle au bord externe, prolongée, en s'affaiblissant, jusqu'à la membrane : cette dernière, translucide. Tranche de l'abdomen sensiblement relevée, non voilée par les hémélytres, variée de flave testacé et de rouge testacé.

Dessous du corps d'un rougeâtre livide ; ponctué sur la poitrine, peu sensiblement sur le ventre : celui-ci creusé d'un sillon profond sur la ligne médiane de ses trois premiers arceaux, subcaréné sur les deux suivants.

Pattes d'un livide jaunâtre ou d'un jaune livide sur les cuisses, d'un livide rougeâtre ou d'un rouge testacé sur les tibias et les tarses. *Ongles* noirs.

Hab. les montagnes du Lyonnais. Assez rare.

Pachymerus villosus.

Subelongatus, subdepressus, fusco-hirtus ; capite œneo ; antennis nigris, articulis secundo et tertio fulvis ; prothorace in medio transversim sulcato, anticè nigro, margine cinereo, posticè cinereo-fulvo, punctis obscuris ; hemelytris cinereo-fulvis, maculâ subrotundatâ nigrâ : membranâ nigrâ, maximâ parte albo-marginatâ ; corpore subtùs et pedibus nigro-œneis ; tibiis et tarsibus anticis intermediisque fulvis.

Long. 0,0090 (4 l.) larg. 0,0022 (1 l.)·

Corps suballongé ; presque plane ; hérissé de poils obscurs, plus rares sur la tête, plus longs sur le prothorax que sur les hémélytres.

8

Tête bronzée ; ponctuée ; chargée , sur sa partie postérieure, entre les ocelles , de deux lignes courtes longitudinales , élevées. *Yeux* noirs. *Bec* d'un noir bronzé.

Antennes hérissées de longs poils obscurs ; à premier et dernier articles noirs : les deuxième et troisième fauves : celui-là , obscur à son extrémité.

Prothorax sillonné transversalement sur son milieu ; élargi d'avant en arrière ; sensiblement sinueux ou entaillé , sur les côtés , à l'extrémité du sillon transversal ; d'un noir un peu velouté sur sa moitié antérieure , avec les bords antérieur et latéraux , et ordinairement deux taches discales , d'un cendré testacé ou cendré fauve ; de cette dernière couleur, et ponctué de noir ou d'obscur sur sa moitié postérieure ; chargé vers les angles postérieurs d'un tubercule noir , brillant.

Ecusson en triangle prolongé jusqu'aux deux cinquièmes environ de l'abdomen ; ponctué ; d'un noir un peu velouté.

Hémélytres d'un cendré testacé ou cendré tirant sur le fauve ou roussâtre ; marquées de petits points obscurs ; ornées vers l'angle postéro-interne de la corie d'une tache noire , subarrondie ou subtriangulaire , étendue au moins jusqu'aux deux tiers de la largeur. Membrane d'un noir un peu velouté ; parée d'une bordure blanche assez large , prolongée depuis l'angle postéro-interne de la dite membrane , presque jusqu'à l'angle postéro-interne de la corie.

Dessous du corps d'un noir bronzé , avec une tache d'un fauve cendré près de l'origine des hanches ; garni d'un duvet cendré , assez court, médiocrement épais, un peu frisé.

Pattes d'un noir bronzé : *tibias* et *tarses* antérieurs et intermédiaires , fauves.

Hab. les environs de Lyon. Peu commun.

Pachymerus adspersus.

*Elongatus, ellipticus, depressus; tenuiter luteo-pubescens, niger;
hemelytris et prothoracis basi luteis, nigro-punctatis; femorum tibia-
rumque summá basi testaceis; membraná infuscatá, luteo variegatá.*

Long. 0ᵐ,0067 à 0ᵐ,0078 (3 à 3 1/2 l.), larg. 0ᵐ,0022 à 0ᵐ,0033 (1 à 1/2 l.).

Corps allongé; elliptique; déprimé; légèrement pubescent.

Tête convexe; d'un noir opaque; faiblement chagrinée; couverte d'une pubescence fine et jaunâtre. *Yeux* noirs. *Bec* noir,
avec les articulations ferrugineuses.

Antennes noires, avec la base et le sommet du deuxième article ferrugineux.

Prothorax en carré long; échancré au bord antérieur; un
peu plus étroit en devant; faiblement arrondi sur les côtés;
largement rebordé à ces derniers; légèrement chagriné; noir,
avec les rebords latéraux et la partie postérieure, testacés:
celle-ci criblée de points enfoncés noirs: ceux-ci, laissant au
milieu une ligne longitudinale étroite, lisse.

Écusson en triangle allongé; chagriné; noir, avec l'extrémité
postérieure testacée.

Hémélytres allongées; elliptiques; jaunâtres, avec l'angle
postéro-externe de la corie, noir; couvertes de points enfoncés
plus ou moins régulièrement disposés en lignes obliques; rebord
latéral pâle, orné d'une petite tache obscure au tiers postérieur.
Membrane enfumée, parsemée de petites taches pâles, plus ou
moins confluentes.

Dessous du corps noir; avec une tache à la base des hanches
et les sutures pectorales pâles.

Pattes noires, avec tous les genoux, la base des cuisses intermédiaires et postérieures, les tibias antérieurs et intermédiaires,

moins l'extrémité et la base des postérieurs, testacés. Tibias
épineux : les antérieurs, seulement en dedans : les autres, des
deux côtés. *Tarses* obscurs : les antérieurs et intermédiaires,
ferrugineux à la base.

Hab. les environs de Cluny (Saône-et-Loire), Villebois (Ain).
Rare.

Obs. La membrane est quelquefois d'un brun clair, avec des
taches pâles.

Cette espèce voisine du *P. Saturnius* Rossi, s'en distingue
par sa forme plus étroite, ses élytres sans tache discoïdale et par
sa membrane tachetée.

Pachymerus obscurus.

Ovato-oblongus, subdepressus, nigro-fuliginosus, breviter pilosus ;
antennis pedibusque nigris ; hemelytris densè punctatis : membranâ
maculis basalibus duabus pallidis ; spinâ femorum basi denticu-
latâ.

Long. 0^m,0056 (2 1/2 l) larg. 0^m,0019 (4/5 l).

Corps elliptique ou ovale oblong ; subdéprimé ; ponctué ; d'un
noir un peu luisant, garni de poils assez fins, couchés, un peu
frisés, bruns ou d'un brun fauve, qui lui donnent une teinte
d'un noir fuligineux.

Tête assez fortement ponctuée ; garnie à sa partie antérieure
de poils avancés, plus longs. *Yeux* noirs ; saillants. *Bec* noirâtre,
à articulations roussâtres.

Antennes prolongées environ jusqu'à la moitié de la longueur
du corps ; hérissées de poils noirâtres, plus longs sur les
deuxième et troisième articles ; noires : dernière moitié du quatrième article à teinte cendrée.

Prothorax transversalement sillonné vers les trois cinquièmes
de sa longueur ; arrondi aux angles de devant ; obtus aux postérieurs ; élargi d'avant en arrière, sensiblement sinueux ou rétréci,

de chaque côté, à l'extrémité du sillon transversal; plus parcimonieusement ponctué en devant, plus fortement et plus densement après le sillon; chargé, vers les angles postérieurs, d'un petit tubercule luisant; entièrement d'un noir fuligineux.

Ecusson de même couleur; densement et plus grossièrement ponctué; triangulaire; prolongé jusqu'aux deux cinquièmes ou un peu plus de la longueur de l'abdomen.

Hémélytres entièrement de la couleur de l'écusson; chargées chacune, en dehors de la clé, de trois nervures : les deux externes ayant une origine commune : l'interne de celles-ci, postérieurement raccourcie ou oblitérée : l'externe, aboutissant aux deux tiers externes de la largeur du bord postérieur de la corie; marquées de points rapprochés, moins gros que ceux de l'écusson, striément disposés sur la clé, aussi densement sur le reste, moins l'espace situé entre la première et la deuxième nervures. Membrane brune; ornée de deux taches d'un testacé livide : l'une à la base des deux nervures internes; l'autre, moins apparente, vers l'angle postéro-externe de la corie.

Dessous du corps noir; garni d'un duvet brun, fin et court; fortement ponctué sur la poitrine, ruguleusement et très-finement pointillé sur le ventre.

Pattes noires ou d'un noir fuligineux : trochanters et dessous des tarses, fauves : cuisses de devant armées, vers les trois quarts de leur côté interne, d'une épine précédée de petites dents, et denticulée elle-même presque jusqu'à la moitié de sa longueur : cette épine suivie, sur le même côté, de trois autres petites dents espacées; munies vers l'extrémité du côté externe de petites dents qui forment avec les précédentes une sorte de rainure dans laquelle est reçu le tibia.

Hab. les environs de Lyon. Rare.

Obs. Cette espèce a beaucoup d'analogie avec le *P. chiragra*, Fabr. Elle s'en distingue par ses hémélytres non tachées, plus fortement ponctuées; par ses antennes et ses pieds noirs; par l'épine des cuisses armée à sa base antérieure de petites dents qui s'élèvent presque jusqu'à la moitié de sa longueur.

Pachymerus pilicornis.

Oblongus, depressus, rugoso-punctatus, opacus, nigro-fuscus ; antennis, pedibus, prothoracis angulis posticis hemelytrisque obscuro-ferrugineis : his disco fusciore ; membranâ obscurâ ; antennis pedibusque villoso-hirtis.

Long. 0,0033 à 0,0045 (1 1/2 à 2 l.) larg. 0,0008 à 0,0017. (1/3 à 3/4 l.).

Corps oblong ; déprimé.

Tête d'un noir opaque ; fortement et rugueusement ponctuée. *Yeux* saillants , noirs. *Bec* d'un testacé ferrugineux.

Antennes assez épaisses ; à peine de la longueur de la moitié du corps ; d'un brun ferrugineux ; hérissées de longs poils.

Prothorax en carré long ; échancré en devant ; largement arrondi aux angles antérieurs ; convexe en avant, transversalement déprimé en arrière ; légèrement sinueux sur les côtés , au devant des angles postérieurs ; faiblement et parcimonieusement ponctué sur le disque, plus fortement et plus densement sur les côtés et à la base ; noir, avec les angles postérieurs d'un ferrugineux obscur.

Ecusson brun ; fortement ponctué.

Hémélytres ovalaires ; fortement chagrinées ; ferrugineuses, avec le disque plus obscur. Membrane rembrunie , avec l'angle sutural, les nervures et les bords, un peu plus pâles.

Dessous du corps noir : anus ferrugineux, chez la ♀.

Pattes hérissées de longs poils ; d'un ferrugineux obscur , avec les tibias et les tarses, plus clairs. Cuisses antérieures très-épaisses, dentées en dessous.

Hab. les montagnes du Beaujolais , Bugey. Rare.

Obs. Cette espèce diffère du *P. sylvestris* Linn. par sa taille une fois moindre, par son prothorax plus convexe, plus large en avant, et par ses antennes hérissées de poils.

Pachymerus quinque-maculatus.

Subdepressus, obovalis, anticè angustatus, fusco-ferrugineus ; humeris pallidis ; membranâ obscurâ, maculis tribus pallidis.

Long. 0,0033 (1 1/2 l.) larg. 0,0018 (3/4 l.)

Corps obovale ; rétréci en avant ; subdéprimé.

Tête allongée ; conique ; fortement et rugueusement ponctuée ; noire ; avec une tache ferrugineuse en avant. *Yeux* bruns. *Bec* obscur.

Antennes obscures, avec l'extrémité du premier article et le milieu du deuxième, obscurs.

Prothorax en cône allongé ; tronqué en devant, transversalement sillonné sur son milieu ; fortement ponctué ; d'un ferrugineux obscur, avec la moitié postérieure et le bord antérieur, plus clairs.

Ecusson noir ; rugueux.

Hémélytres un peu plus larges à leur base que le prothorax ; notablement élargies jusqu'au tiers postérieur ; chagrinées ; d'un brun ferrugineux, plus obscur vers l'angle sutural de la corie ; ornées d'une tache humérale pâle ; marquées sur la clé, de chaque côté de l'écusson, de deux séries de points enfoncés, noirs. Membrane obscure ; parée de trois taches pâles : une, à l'angle sutural : deux latérales, vers l'extrémité de la corie.

Dessous du corps noir, avec une tache pâle, à l'insertion des hanches.

Pattes ferrugineuses, avec les cuisses plus obscures.

Hab. l'ancien Beaujolais (Rhône). Très-rare.

Pachymerus ferrugineus.

Oblongus , subdepressus , punctatus , glaber , ferrugineus ; hemelytris post scutellum dilutioribus , apice obscuris ; rostro pedibusque resinaceis ; prothorace versùs tertiam partem transversim sulcato , basi emarginato et bistriato , lateribus marginato. Femoribus anticis externè dimidiâ parte posticâ dentatis.

Long. 0,0031 (1 2/5 l.) larg. 0,0008 1/3 l.).

Corps oblong; subdéprimé; glabre.

Tête d'un rouge brun ; densement et grossièrement ponctuée. *Yeux* noirs ; saillants. *Bec* d'un jaune de résine.

Antennes aussi longues environ que les trois quarts du corps ; hérissées de poils obscurs , fins et assez longs ; fauves , à dernier et parfois à premier article , un peu plus clairs.

Prothorax transversalement sillonné des deux tiers aux trois quarts de sa longueur ; marqué après son bord antérieur d'une dépression ou ligne transversale en arc dirigé en arrière ; élargi d'avant en arrière ; subarrondi aux angles de devant, obtus aux postérieurs ; creusé près des bords latéraux d'une ligne étroite, longitudinale, laissant entre elle et le bord latéral une sorte de rebord relevé moins étroit ou assez large jusqu'au sillon transversal , graduellement rétréci postérieurement à partir de ce sillon ; échancré à la base sur les trois cinquièmes médiaires de la largeur de celle-ci ; noté, à chaque extrémité de cette échancrure , d'un petit sillon longitudinal avancé jusqu'au transversal, en se liant à la ligne juxta-latérale , ou en se rapprochant d'elle ; d'un rouge brun ; un peu moins fortement ponctué que la tête, et , comme elle, obsolètement pointillé dans les intervalles de ces points.

Ecusson en triangle, prolongé à peine au delà de la longueur de l'abdomen ; de la couleur du prothorax ; ponctué comme lui ;

chargé d'une petite carène longitudinale, sur sa moitié postérieure.

Hémélytres sensiblement élargies jusqu'aux deux tiers de leur
longueur, arrondies postérieurement, prises ensemble; ponctuées assez fortement dans leur tiers ou moitié basilaire, presque
imperceptiblement et densement pointillées et obsolètement
ponctuées postérieurement; d'un rouge brun à la base jusque
vers les deux tiers de l'écusson, ensuite d'un fauve jaune de
gomme ou de résine, graduellement brunes à leur partie postérieure; souvent plus claires latéralement, par transparence;
chargées chacune, en dehors de la clé, de deux nervures : l'une,
voisine de la clé : l'autre, subhumérale, très-courte. Membrane
fauve, à base tirant sur le jaune de gomme.

Dessous du corps ponctué et d'un rouge brun sur la poitrine,
lisse et plus clair sur le ventre.

Pattes presque d'un jaune de gomme; hérissées de poils fins,
livides. Cuisses de devant armées d'une épine vers les quatre
cinquièmes de la longueur de leur côté interne; munies sur la
seconde moitié de leur côté externe d'une rangée de petites dents :
l'antérieure ou celle située vers la moitié de la longueur, plus
prononcée.

Hab. les environs de Lyon, peu commune.

Stenogaster collaris.

*Oblongus, subdepressus ; capite rugoso, nigro ; prothorace in medio
transversim sulcato, punctato, albo-livido, antè scutellum nigro-
fasciato ; hemelytris submembranaceis, albo-lividis.*

Long. 0,0036 (1 2/3 l.) larg. 0,0014 (2/3 l.).

Corps oblong; subdéprimé; luisant.

Tête noire; rugueusement ponctuée. *Yeux* noirs; saillants.
Bec noir.

Antennes à peine prolongées jusqu'à la moitié du corps; brunes : extrémité du premier article, deuxième, et base du troisième, d'un fauve livide.

Prothorax élargi d'avant en arrière; tronqué à son bord antérieur; émoussé aux angles postérieurs, peu ou point à ceux de devant; transversalement sillonné dans son milieu; ponctué; d'un blanc livide au bord antérieur et dans sa seconde moitié, noir entre la bordure antérieure et le sillon transversal.

Ecusson triangulaire; prolongé jusqu'au sixième de l'abdomen; densement ponctué et noir sur les deux cinquièmes basilaires, d'un livide testacé, et moins ponctué postérieurement.

Hémélytres à corie submembraneuse, à peine prolongée à la suture jusqu'au tiers de la longueur de l'abdomen; d'un blanc livide ainsi que la membrane.

Dessous du corps et *Pattes* d'un blanc livide : poitrine et partie médiaire des cuisses, obscures.

Hab. le midi de la France.

Stenogaster tenuis.

Angustatus , subdepressus , niger ; hemelytris membranâque pallidis., pedibus testaceis , femoribus piceis ; prothorace latè foveolato.

Long. 0,0033 (1 1/2 l.) larg. 0,0008 (1/3 l.).

Corps étroit; subdéprimé.

Tête allongée; conique; rugueuse; fortement ponctuée; d'un noir opaque, avec quelques poils obscurs sur les côtés. *Yeux* bruns. *Bec* ferrugineux, obscur à l'extrémité.

Antennes à peine de la longueur de la moitié du corps; pubescentes; brunes, avec le milieu du deuxième article d'un ferrugineux obscur.

Prothorax allongé; antérieurement rétréci; échancré en devant; fortement ponctué; creusé sur son disque et un peu en avant, d'une large fossette ; d'un noir brillant, avec le bord et les angles postérieurs d'une couleur de poix ferrugineuse; garni, sur les côtés, de longs poils obscurs.

Ecusson noir; fortement ponctué.

Hémélytres de la largeur du prothorax, à leur base; subparallèles; finement chagrinées; d'un testacé pâle, ainsi que la membrane : la clé obscure et ponctuée à sa base.

Dessous du corps noir, avec la base du ventre d'un ferrugineux obscur.

Pattes testacées, avec les cuisses couleur de poix : les antérieures très-épaisses, dentées en dessous.

Hab. les environs d'Aiguemortes (Gard). Très-rare.

Obs. Cette espèce diffère du *S. ditomoïdes* Herr. Schæff. par sa taille moindre, plus étroite, et par ses élytres non rembrunies sur les côtés.

Anthocoris pilicornis.

Breviter ovalis, subdepressus, pubescens, coriaceus, piceus ; hemelytris fusco-testaceis; pedibus pallidioribus, femoribus infuscatis.

Long. 0,0022 (1 l.) larg. 0,0011 (1/2 l.).

Corps en ovale court; subdéprimé; couvert d'une pubescence grisâtre.

Tête transversale; chagrinée; couleur de poix. *Yeux* noirs. *Bec* court; testacé.

Antennes courtes; un peu plus longues que la tête et le prothorax réunis; velues; couleur de poix, avec les deux premiers articles plus clairs.

Prothorax court; transversal; antérieurement rétréci; légèrement échancré au bord antérieur, fortement à la base; obsolètement chagriné; couleur de póix, et marqué sur son milieu d'un léger sillon transversal.

Ecusson chagriné ; noir.

Hémélytres de la largeur du prothorax à leur base ; en ovale court ; finement chagrinées ; d'un testacé plus ou moins obscur, avec l'appendice couleur de poix. Membrane obscure.

Dessous du corps couleur de poix, avec l'anus ferrugineux.

Pattes pubescentes ; testacées, avec les cuisses quelquefois obscurcies.

H~AB~. les environs de Lyon et autres lieux des départements du Rhône et de l'Ain. Assez commun.

O~BS~. Cette espèce et la suivante diffèrent essentiellement de leurs congénères par le bec plus épais et beaucoup plus court, et semblent devoir constituer une coupe nouvelle (*Brachysteles*), dans laquelle viendrait aussi se placer l'*Anth. truncatellus* H~ERR~· S~CHÆFF~.

Anthocoris testaceus.

Oblongus, subdepressus, pubescens, testaceus, oculis nigris; antennis pilosis, articulo primo secundique apice obscuris. Membranâ pallidâ.

Long. 0,0028 (1 1/4 l.) larg. 0,0011 (1/2 l.).

Corps oblong ; subdéprimé ; couvert d'une pubescence jaunâtre, assez serrée.

Tête transversale ; légèrement chagrinée ; testacée. *Yeux* noirs. *Bec* court ; testacé.

Antennes à peine plus longues que la moitié du corps ; garnies de poils assez longs, grisâtres ; testacées, avec le premier article et l'extrémité du deuxième, plus obscurs : les deux derniers, grêles.

Prothorax transversal, conique ; légèrement échancré à son bord antérieur, fortement à la base ; lisse antérieurement, chagriné postérieurement et sur les côtés ; marqué sur son milieu d'un sillon transversal, obsolète.

Ecusson grand ; convexe ; obsolètement chagriné ; d'un testacé ferrugineux.

Hémélytres de la largeur du prothorax à leur base, un peu plus larges au milieu ; chagrinées ou comme obsolètement ponctuées ; testacées. Membrane pâle.

Dessous du corps d'un testacé ferrugineux.

Pattes pubescentes ; testacées.

Hab. les environs de Lyon et autres lieux du département du Rhône. Commun sur les pins, en automne.

Obs. Cette espèce, voisine de l'*Anth. fasciatus* Herr. Schæff. s'en distingue par la couleur de la tête, du prothorax et de la membrane.

Xylocoris latior.

Oblongo-ovalis, depressus, nitidus, niger ; geniculis, tibiis, tarsis hemelytrorumque fasciâ mediâ luteis. Membranâ pallidâ, translucidâ.

Long. 0,0022 (1 l.) larg. 0,0011 (1/2 l.).

Corps ovale-oblong ; déprimé ; brillant.

Tête allongée ; presque-lisse ; noire ; convexe. *Yeux* noirs. *Bec* obscur, avec l'extrémité pâle.

Antennes velues ; obscures : articulations pâles.

Prothorax transversal ; court ; antérieurement rétréci ; noir ; finement chagriné ; marqué, sur son milieu, d'une impression transversale.

Ecusson grand ; noir ; postérieurement déprimé.

Hémélytres de la largeur du prothorax à leur base ; subparallèles ; finement pubescentes ; noires, parées, à leur côté interne, d'une bande d'un testacé pâle, s'élargissant depuis l'angle huméral jusqu'à la membrane : celle-ci, diaphane.

Dessous du corps et *cuisses* d'un noir de poix : *genoux, tibias* et *tarses*, testacés.

Hab. Cluny (Saône et Loire). Rare. Sous les écorces de chêne.

. Obs. Cette espèce, intermédiaire entre les *X. ater* Duf. et *X. albipennis*, Herr. Schæff., diffère du premier, par sa forme plus large ; du dernier, par son prothorax beaucoup plus rétréci en avant ; et, de tous deux, par la couleur des élytres.

FAMILLE DES **CAPSIDES.**

Miris megatoma.

Elongatus , subdepressus , flavo-testaceus ; antennarum articulo primo secundi dimidiâ parte longiori.

Long. 0,0078 (3 1/2 l.) larg. 0,0015 (3/5 l.).

Corps allongé ; subdéprimé ; sans ponctuation distincte ; entièrement d'un blond testacé, mat.

Tête creusée, entre les yeux, d'un sillon longitudinal obscur, prolongé jusqu'à sa partie postérieure, en se rétrécissant et s'affaiblissant dans son milieu ; marquée, après les yeux, d'une dépression transversale. *Yeux* gris, du moins après la mort.

Antennes hérissées de poils obscurs ; à premier article égal aux deux tiers du suivant.

Prothorax échancré en devant ; tronqué à la base ; élargi d'avant en arrière ; rayé d'une ligne transversale un peu après le bord antérieur ; noté vers les trois cinquièmes d'une dépression moins apparente.

Ecusson, *Hémélytres*, *Dessous du corps* et *Pattes*, sans taches : ces dernières garnies de poils pâles.

Hab. les environs de Lyon. Rare.

Obs. Elle se distingue de toutes les espèces voisines par la grandeur du premier article des antennes.

Capsus frontalis.

*Elongatus , depressus , tenuiter pubescens ; prothorace albido , vittis
duabus cinereo-nebulosis ; hemelytris cinereo-nebulosis , margine albo ;
fronte et corpore subtùs roseis ; antennis pedibusque pallidis.*

Long. 0,0059 (2 2/3 l.) larg. 0,0015 (2/3 l.).

Corps allongé ; déprimé ; garni de poils livides, fins, couchés, peu ou point apparents sur les hémélytres, plus rares sur
la tête et le prothorax.

Tête d'un blanc livide à sa partie antérieure et postérieure ;
rose ou d'un rouge de chair sur le front. *Yeux* bruns. *Bec* nébuleux.

Antennes au moins aussi longuement prolongées que l'abdomen ; d'un blanc testacé , avec les deux derniers articles nébuleux ; garnies d'un duvet fin et obscur ; à premier article égal
aux deux cinquièmes du suivant : celui-ci , un peu moins gros à
son extrémité.

Prothorax marqué de deux sillons transversaux non prolon-
gés jusqu'aux bords latéraux : l'un , au tiers : l'autre , aux deux
tiers ; d'un blanc livide , orné de deux bandes longitudinales ,
rapprochées du bord externe , rosées près du bord antérieur,
nébuleuses postérieurement.

Ecusson d'un blanc livide ; rayé d'un sillon transversal, vers les
deux septièmes de sa longueur.

Hémélytres chargées d'une côte longitudinale , naissant de
l'épaule , prolongée jusqu'à la membrane , en s'écartant graduellement du bord externe , dont elle est distante à son extrémité
des deux cinquièmes de la largeur ; d'un blanc livide , en dehors
de cette côte , inégalement fuligineuses sur le reste de leur surface.
Membrane livide.

Dessous du corps rosé ou couleur de chair , avec le bord des
arceaux du ventre , blanchâtre.

Pattes d'un blanc livide ou flavescent.

HAB. les parties méridionales et occidentales de la France. Reçu de M. Perris de Mont-de-Marsan.

Capsus coxalis.

Oblongus, subdepressus, pubescens, subcarneus aut testaceo-flavus; heme-
lytris in medio maculâ obliquâ transversâ, appendiceque basi, albis;
antennarum articulo primo sequentis ferè dimidiam partem œquante;
pedibus roseis albo-punctatis : coxis flavescentibus.

Long. 0,0051 (2 1/3 l.) larg. 0,0011 (1/2 l.).

Corps oblong; subdéprimé; garni de poils noirs ou obscurs, couchés, peu épais et médiocrement apparents.

Tête presque couleur de chair, ou d'un testacé flavescent, avec la base du bec d'un blanc livide. *Yeux* noirs. *Bec* d'un flave carné.

Antennes presque couleur de chair, ponctuées de blanc; à base blanchâtre, ornée d'un anneau de couleur semblable vers les deux tiers de sa longueur; à premier article égal au moins aux deux cinquièmes du suivant : celui-ci de grosseur à peu près uniforme.

Prothorax presque couleur de chair; rayé d'une ligne transversale vers le tiers de sa longueur.

Ecusson, *Hémélytres* et appendice, presque couleur de chair : les hémélytres, ornées chacune d'une tache blanche, obliquement transversale, prolongée, en se rétrécissant, de la moitié environ du bord externe de la corie, presque à l'extrémité du sillon de la clé : l'appendice, à moitié antérieure au moins, blanche. Membrane hyaline, à extrémité grisâtre.

Dessous du corps rose.

Pattes roses, ponctuées de blanc : hanches d'un flave blanchâtre.

HAB. le midi de la France.

Capsus hieroglyphicus.

*Breviter ovalis, depressus, anticè angustior, fusco-pubescens, niger ;
capitis maculâ, prothoracis vittis tribus, hemelytrorum duabus
luteo-testaceis.*

Long. 0,0056 (2 1/2 l.) larg. 0,0033 (1 1/2 l.).

Corps court ; obovale, rétréci en devant ; déprimé ; pubescent.

Tête allongée ; conique ; convexe ; noire ; ornée, entre les yeux
d'une tache pâle en forme de chevron. *Yeux* d'un brun clair. *Bec*
noir.

Prothorax en cône tronqué ; légèrement échancré et fortement
rebordé en devant ; étranglé à son tiers antérieur ; chagriné ;
noir, avec le rebord et trois larges bandes longitudinales d'un
testacé pâle : l'une, médiane, rétrécie dans son milieu : les
deux autres, près des bords latéraux, larges à la base, raccourcies et graduellement rétrécies postérieurement.

Ecusson noir ; convexe.

Hémélytres déprimées ; de la largeur du prothorax à leur
base ; sensiblement dilatées jusqu'au tiers postérieur ; noires,
avec l'appendice et deux bandes longitudinales d'un testacé pâle :
une, interne, naissant de la base, longeant l'écusson et la suture : l'autre, partant de l'angle huméral et suivant le bord
externe jusqu'à l'appendice, où elle se réunit à la première.
Membrane rudimentaire ; coriace ; noire.

Dessous du corps et *pattes* noires : celles-ci, pubescentes.

Hab. les Pyrénées. Très-rare.

Capsus picticornis.

*Oblongus, subdepressus, breviter pubescens, ferrugineo-testaceus ; ca-
pitis maculis quinque, thoracis duabus maculis ocellatis, nigris ;
antennis apice infuscatis, basi testaceis, brunneo pictis ; appendice
summâ tarsisque obscuris.*

9

Long. 0,0067 (3 l.) larg. 0,0039 (1 3/4 l.).

Corps oblong ; subdéprimé ; finement pubescent.

Tête conique ; convexe ; testacée, ornée de cinq taches noires :
une, antérieure, en fer à cheval : deux, grandes, latérales,
réniformes, joignant les yeux à leur partie postérieure : une,
petite, de chaque côté, entre les yeux et le tubercule antennifère. *Yeux* d'un brun clair. *Bec* testacé, à extrémité obscure.

Antennes testacées, avec quelques taches, le sommet des
deuxième et troisième articles et le quatrième, obscurs.

Prothorax transversal ; conique, légèrement échancré en devant ; d'un testacé ferrugineux ; paré sur son milieu d'une ligne
longitudinale pâle ; orné en devant de deux cicatrices ocellées,
noirâtres.

Ecusson ferrugineux ; à base obscure, à pointe pâle.

Hémélytres testacées ; ornées d'une tache obscure, vers l'appendice : celui-ci, pâle à la base, marqué postérieurement d'une
tache enfumée.

Dessous du corps ferrugineux ; noté de quelques taches plus
obscures. Mésosternum noir.

Pattes testacées : cuisses roses, avec quelques mouchetures plus
obscures à l'extrémité. *Tibias* épineux. *Tarses* rembrunis.

Hab. la Suisse. Très-rare.

Obs. Cette espèce, voisine du *C. pratensis* Fabr. s'en distingue par la couleur des antennes et de la tête ; par ses cuisses non
annelées de brun à l'extrémité. L'appendice est aussi plus obscur.

Capsus bicolor.

*Ovalis, anticè angustior, subdepressus, nitidus, niger ; antennarum
basi, capite prothoracisque apice testaceis.*

Long. 0,0022 à 0,0028 (1 à 1 1/4 l.) larg. 0,0011 à 0,0015 (1/2 à 2/3 l.)

Corps ovale ; rétréci en avant ; subdéprimé ; brillant.

Tête transversale ; conique ; testacée : vertex noir. *Yeux* noirâtres. *Bec* testacé : base, articulations et extrémité, obscures.

Antennes un peu plus longues que la moitié du corps ; légèrement pubescentes ; testacées, avec les deux derniers articles obscurs.

Prothorax transversal ; en cône tronqué ; légèrement sinué au milieu du bord antérieur ; finement chagriné, et comme obsolètement ponctué ; testacé, avec la partie postérieure noirâtre.

Ecusson noir ; finement chagriné.

Hémélytres de la longueur du prothorax à leur base ; dilatées à leur milieu ; brillantes ; chagrinées ; noires : appendice de même couleur. Membrane fortement enfumée. Ailes irisées de violâtre.

Dessous du corps noir : prosternum, hanches et *pattes* testacées : extrémité des tarses obscure. *Tibias* armés, surtout en dehors, de quelques épines noires.

Hab. le Languedoc. Commun.

Obs. Cette espèce varie pour la couleur du prothorax, qui souvent est entièrement testacé ; d'autres fois presque entièrement noir, moins le bord antérieur.

Elle ressemble à l'*Alobossus* Amyot pour la forme, et au *C. luteicollis*, Panzer, pour la couleur. Elle diffère du premier par sa structure plus étroite, par la couleur de la tête, du prothorax et des cuisses. Elle s'éloigne du dernier, par ses antennes moins grêles, une fois plus courtes, et par ses yeux moins saillants.

Capsus cruentatus.

Ovalis, subdepressus, aureo-pubescens, sanguineus ; antennarum basi pedibusque testaceis : his obscuro-guttatis ; membrana infuscata, maculis duabus lateralibus pallidis.

Long. 0,0033 (1 1/2 l.) larg. 0,0017 à 0,0022 (3/4 à 1 l.)

Corps ovale ; subdéprimé ; couvert d'une pubescence dorée entremêlée de quelques points obscurs.

Tête transversale; conique; convexe; rougeâtre, avec quelques points bruns obsolètes, dont un, au milieu du front, plus apparent. *Yeux* noirs. *Bec* testacé, à extrémité obscure.

Antennes un peu plus longues que la moitié du corps ; testacées, avec une tache au premier article, le sommet du deuxième, et les deux derniers, obscurs.

Prothorax transversal; en cône tronqué; rougeâtre, avec quelques points bruns obsolètes.

Ecusson rougeâtre.

Hémélytres de la largeur du prothorax ; oblongues; subparallèles chez le ♂, ovales chez la ♀ ; d'un rouge clair, avec la partie interne plus obscure : appendice d'un rouge de sang, avec l'articulation pâle. Membrane enfumée; ornée, au bord extérieur, de deux taches transversales pâles.

Dessous du corps rougeâtre, lavé de taches plus claires et d'autres plus obscures chez le ♂ : mésosternum et base du ventre noirâtres chez la ♀.

Pattes testacées : extrémité des cuisses et base des tibias, rosés : les premières, variées de points bruns : les derniers annelés de même couleur, épineux en dehors. Extrémité des tarses obscure.

Hab. le département du Rhône. Rare.

Obs. Cette espèce ressemble beaucoup au *C. roseus*, Fab. et au *C. rubricatus*, Hahn. Elle s'en distingue par ses cuisses mouchetées de brun et par sa pubescence plus serrée.

Capsus lineellus.

Breviter ovalis, subdepressus, fusco-pilosus, rubro-variegatus ; hemelytrorum vittis sex obliquis et appendice rubris ; membranâ leviter infuscatâ ; pedibus parcé nigro-punctatis.

Long. 0ᵐ,0045 (2 l.) larg. 0ᵐ,0022 (1 l.)

Corps en ovale court ; subdéprimé; garni de poils obscurs.

Tête conique ; postérieurement bissinueuse ; testacée ; ornée sur le front de deux grandes taches formées de linéoles rougeâtres ; parée d'une petite tache et de deux linéoles brunes sur le devant, et de quatre autres taches de même couleur sur le vertex : celles-ci, quelquefois confluentes, disposées sur une ligne transversale légèrement arquée.

Antennes pubescentes, un peu plus longues que la moitié du corps ; testacées, avec la base et le sommet du premier article, l'extrémité des deuxième et troisième, et le quatrième, obscurs.

Prothorax court ; transversal ; en cône tronqué ; légèrement échancré en devant ; d'un testacé mêlé de rougeâtre ; marqué en devant de petites taches ferrugineuses et de deux cicatrices noires, en forme de *c* renversé.

Ecusson testacé, avec la base et deux bandes longitudinales, rougeâtres.

Hémélytres testacées ; ornées de six bandes longitudinales, étroites, rougeâtres : la troisième, à partir du bord latéral, interrompue : appendice rouge. Membrane légèrement rembrunie, parée d'une tache latérale pâle.

Dessous du corps testacé ; mélangé de rougeâtre chez la ♀, plus obscur chez le ♂.

Pattes testacées, marquées de points noirs. *Tibias* épineux. *Tarses* obscurs à l'extrémité.

Hab. les environs de Nîmes. Rare.

Capsus aurora.

Breviter ovalis, subdepressus, parcè fusco-pilosus, testaceus, rubro-variegatus ; hemelytris et appendice rubris : hoc basi pallido ; pedibus nigro-punctatis.

Long. 0,0033 (1 1/2 l.) larg. 0.0017 (3/4 l.)

Corps en ovale court ; subdéprimé ; garni de quelques poils obscurs.

Tête transversale ; conique ; testacée, parée de quelques taches et de quelques linéoles transversales rougeâtres. *Yeux* noirs. *Bec* d'un testacé rougeâtre, obscur à l'extrémité.

Antennes un peu plus longues que la moitié du corps ; testacées ; à premier article annelé de brun.

Prothorax transversal ; en cône tronqué ; testacé, avec les bords rougeâtres ; varié, sur le disque, de petites taches brunes.

Écusson grand ; testacé, à base rougeâtre ; à extrémité marquée de petites taches de même couleur.

Hémélytres ovalaires ; de la largeur du prothorax à la base ; testacées, légèrement rougeâtres près de la suture, plus sensiblement vers l'extrémité : appendice d'un rouge vif, à base pâle. Membrane pâle, avec la base, une tache latérale, et l'extrémité, rembrunies.

Dessous du corps d'un testacé mêlé de rougeâtre : mésosternum noir.

Pattes testacées ; marquées de points noirs. *Tibias* armés d'épines de la même couleur. *Tarses* à extrémité obscure.

Hab. les environs de Montpellier. Rare.

Obs. Cette espèce diffère du *C. sanguineus* Fall. par son appendice coloré, tandis que cette partie est entièrement pâle dans cette dernière espèce.

Capsus irroratus.

Ellipticus, subdepressus, pubescens, albido-testaceus ; prothoracis basi hemelytrisque obscurè guttatis ; appendice membranaceâ lineolâ sanguineâ notatâ ; membranâ infuscatâ, maculis duabus pallidis ; femoribus posticis apice infuscatis.

Long. 0,0045 (2 l.) larg. 0,0017 (3/4 l.).

Corps elliptique ; subdéprimé ; pubescent.

Tête conique ; convexe ; d'un testacé clair. *Yeux* gros ; noirs. *Bec* testacé, à extrémité noire.

Antennes grêles ; aussi longues que le corps ; pâles , avec le premier article marqué de traits obscurs.

Prothorax transversal ; en cône tronqué ; d'un testacé clair ; couvert de petites taches obscures , sur ses côtés et sur sa partie postérieure.

Écusson grand ; à base rosée ; noté , à l'extrémité, de quelques petites taches obscures.

Hémélytres de la largeur du prothorax à leur base ; d'un testacé grisâtre ; couvertes de petites taches obscures , plus rares autour de l'écusson. Appendice membraneux , paré d'une linéole d'un rouge vif au milieu du bord interne. Membrane légèrement rembrunie , marquée de deux grandes taches latérales pâles : l'une, joignant l'appendice : l'autre, un peu avant l'extrémité.

Dessous du corps d'un testacé obscur , avec l'anus plus clair.

Pattes pâles : genoux , extrémité des tibias et des tarses, obscurs : extrémité des cuisses marquée de petites taches de teinte analogue : les postérieures, rembrunies dans leur dernière moitié. *Tibias* armés d'épines noires.

Hab. la Bresse. Très-rare.

Obs. Cette espèce ressemble beaucoup au *C. molliusculus* , Fall. ; mais chez ce dernier , l'appendice n'est pas membraneux, il n'offre pas de linéole rouge , et les cuisses postérieures ne sont pas rembrunies.

Capsus anticus.

Oblongus , subdepressus , nebuloso-hirtus ; capite nigro , margine oculorum flavo ; antennarum articulo primo aurantiaco , basi nigro , sequentibus fuscis ; prothorace flavo testaceo , margine antico flavo , maculis duabus coadunatis , nigris ; hemelytris flavo-testaceis , appendice aurantiaco ; pedibus flavo-testaceis , femorum basi , tibiarum apice tarsisque nigris.

Long. 0,0067 (3 l.) larg. 0,0028 (1 1/4 l.).

Corps oblong; subdéprimé; hérissé en dessus de poils obscurs.

Tête noire; ornée au côté interne des yeux d'une bande longitudinale d'un beau jaune, anguleusement dilatée à son angle postéro-interne, de manière à rétrécir la partie noire du milieu du front: bord postérieur des yeux, jaune. *Yeux* brillants; noirs. *Bec* noir, à premier article jaunâtre.

Antennes à premier article égal environ au quart du deuxième; d'un jaune orangé, à base noire; hérissé au côté interne de poils plus longs que les suivants: ceux-ci, assez brièvement hérissés de poils obscurs: le deuxième, d'un brun testacé à la base, noir à l'extrémité: les suivants, noirs.

Prothorax tronqué en devant; rayé, après le bord antérieur, d'une ligne transversale assez profonde, laissant entre elle et le bord antérieur une sorte de collier jaune; d'un flave roussâtre ou jaune testacé sur le reste de sa surface; paré de deux taches noires, presque en forme de triangle transversal, liées chacune à la raie transversale précitée, ordinairement isolées du bord externe, contiguës ou à peu près sur la ligne médiane, en laissant dans ce point, entre leur bord antérieur, un petit espace obtriangulaire jaune.

Ecusson triangulaire; jaune; prolongé environ jusqu'au cinquième de la longueur des hémélytres.

Hémélytres chargées, en dehors de la clé, de deux faibles nervures postérieurement divergentes et non prolongées jusqu'à l'extrémité de la corie; d'un flave roussâtre ou jaune testacé: appendice d'un flave orangé. Membrane légèrement nébuleuse: nervure de la cellule d'un flave orangé.

Dessous du corps jaune sur l'antépectus, et paré sur les côtés de celui-ci d'une bande longitudinale noire; noir sur les autres parties pectorales, avec diverses taches latérales, jaunes ou jaunâtres. *Ventre* jaune, orné latéralement, au bord antérieur des arceaux, d'une bande brune non prolongée jusqu'à la marge : base de la plaque anale, noire.

Pattes : hanches jaunes, à taches noirâtres : cuisses et tibias d'un flave roussâtre ou orangé : base des cuisses, extrémité des tibias et tarses, noirs ou noirâtres.

Hab. le midi de la France. Assez commun.

Capsus nigriceps.

Elongatus, depressus, pubescens; capite pectore et abdomine nigris ; antennis, prothorace scutelloque luteo-flavis ; hemelytris livido-flavescentibus aut flavescenti-nebulosis ; membraná obscurá, maculá basali lividá ; pedibus albo-flavescentibus.

Long. 0,0056 (2 1/2 l.) larg. 0,0016 (2/3 l.).

Corps allongé ; déprimé ; garni en dessus de poils jaunâtres, fins, couchés, médiocrement épais.

Tête glabre ou presque glabre; noire, avec la partie postérieure obscurément jaunâtre. *Yeux* noirs. *Bec* d'un livide flavescent.

Antennes aussi longuement prolongées que l'abdomen ; flaves ou d'un flave pâle : premier article noir en dessus à la base, égal environ au quart du suivant : celui-ci graduellement un peu moins grêle à son extrémité.

Prothorax jaune ; rayé d'un sillon transversal vers le tiers de sa longueur.

Ecusson triangulaire ; jaune.

Hémélytres d'un livide jaunâtre sur les parties qui débordent le corps, paraissant nébuleuses, par l'effet de la transparence, sur celles qui le couvrent : appendice à peine plus pâle. Membrane nébuleuse, ornée d'une tache d'un blanc livide, bordant la moitié externe de sa base.

Dessous du corps noir.

Pattes d'un blanc flavescent.

Hab. les parties méridionales de la France. Découvert par M. Perris de Mont-de-Marsan.

Capsus macula-rubra.

Oblongus., subdepressus, glaber ; capite prothoracisque parte anticâ flavo-resinaceis , hujus parte posteriore viridi-pallidâ ; hemelytrorum clavo subfusco, corio viridi-pallido, posticè carneo : appendice livido: membranâ carneâ, nervis lividis ; corpore subtus et pedibus viridi-pallidis.

Long. 0,0054 (2 1/3 l.) larg. 0,0014 (2/3 l.).

Corps oblong ; subdéprimé ; glabre.

Tête d'un flave livide ; luisant. *Yeux* bruns ; saillants. *Bec* d'un livide verdâtre.

Antennes à premier article égal au moins au quart du deuxième ; brun ou d'un brun livide, ainsi que celui-ci : les suivants pâles : le deuxième, de même grosseur sur toute sa longueur.

Prothorax rayé transversalement, vers le tiers de sa longueur, d'une ligne interrompue dans son milieu ; d'un flave livide au devant de celle-ci, d'un vert pâle postérieurement.

Ecusson en triangle prolongé à peine jusqu'au cinquième des hémélytres ; d'un vert pâle.

Hémélytres d'un livide brun sur la clé ; d'un vert pâle sur le reste de la corie, avec l'extrémité de celle-ci parée d'une bande transversale d'un rouge de chair : appendice d'un blanc livide. Membrane carnée, à nervures d'un blanc livide.

Dessous du corps et *pattes* d'un vert pâle ou livide : tibias armés de petites épines noires : tarses d'un vert rougeâtre.

Hab. les environs de Lyon. Peu commun.

Capsus Perrisi.

Ovalis, subdepressus, niger, flavo-pubescens; antennis pallidis; he-melytrorum appendice et membranâ maculâ basali albidâ; corpore subtùs et femoribus nigris: tibiis albido-testaceis, fulvo annulatis.

Long. 0,0039 (1 3/4 l.) larg. 0,0015 (2/3 l.).

Corps ovalaire; subdéprimé; garni en dessus de poils couchés d'un blanc flavescent ou mi-doré, médiocrement épais, mais très-apparents.

Tête noire; ornée à sa partie postérieure d'une ligne transversale blanchâtre, étroite, peu apparente. *Yeux* noirs. *Bec* fauve ou testacé.

Antennes un peu moins longuement prolongées que l'abdomen; flaves ou d'un blanc testacé; à premier article obscur, à peine plus grand que le quart du suivant: celui-ci, graduellement et à peine plus gros à son extrémité.

Prothorax assez convexe; noir.

Ecusson de même couleur.

Hémélytres noires ou d'un noir brun; offrant chacune à certain jour, par l'effet de la translucidité, une ligne d'un roux brunâtre, naissant de l'épaule et longitudinalement prolongée jusqu'à l'appendice, au tiers externe de la largeur. Appendice d'un noir brun, orné à la base d'une bordure d'un blanc livide, moins étroite dans son milieu. Membrane brunâtre, ornée d'une tache blanche, à sa base, entre les cellules et le bord externe.

Dessous du corps noir.

Pattes : cuisses noires : genoux, tibias et tarses d'un blanc testacé : tibias annelés de fauve, hérissés de poils spinosules obscurs.

Hab. les parties occidentales et méridionales de la France.

Obs. Cette espèce a été découverte par M. Perris à qui la science

doit tant de beaux travaux, et qui occupe aujourd'hui l'un des premiers rangs parmi les observateurs des mœurs des insectes.

Capsus proserpinæ.

*Oblongus , subdepressus , pube tenui hirtus , ater, membranâ brunneâ ;
antennarum articulo primo secundi quartam partem æquante.*

Long. 0,0045 (2 l.) larg. 0,0015 (2/3 l.).

Corps oblong ; subdéprimé ; entièrement noir, avec la membrane des hémélytres brune ; hérissé en dessus de poils fins, assez
longs et assez épais.

Antennes à premier article à peu près égal au quart du
second : celui-ci, graduellement et à peine plus gros à l'extrémité.

Prothorax très-finement ridé ; creusé vers le tiers de sa longueur d'un sillon transversal interrompu dans son milieu.

Ecusson finement ridé.

Hémélytres longitudinalement sillonnées près du bord externe.
Membrane brune.

Dessous du corps et pieds noirs.

Hab. les environs de Lyon. Rare.

Obs. Cette espèce a beaucoup d'analogie avec le *C. pilosus*,
Hahn ; elle en diffère par son corps hérissé de poils fins et beaucoup plus épais ; par ses antennes entièrement noires, à premier
article plus court ; par son prothorax et son écusson finement
ridés ; par ses hémélytres entièrement noires.

Capsus maculicollis.

*Ovato-oblongus , subdepressus , tenuiter pubescens , suprà testaceo-au-
rantiacus; prothorace maculis anticis duabus nigris ; pedibus flavo-
roscis : femoribus punctato-annulatis.*

Long. 0,0051 (2 1/4 l.) larg. 0,0015 (2/3 l.).

Corps ovale-oblong; subdéprimé; garni de poils obscurs, fins, mi-couchés, peu apparents.

Tête presque glabre; luisante; rosat; ornée sur le front d'une ligne longitudinale d'un rouge de sang obscur, non prolongée jusqu'au vertex; marquée, derrière la base des antennes, d'un point obscur près du bord des yeux. *Yeux* noirs. *Bec* d'un rouge de sang obscur.

Antennes à premier et deuxième articles d'un testacé livide : les suivants obscurs : le premier, égal environ au quart du suivant : celui-ci graduellement un peu plus gros à l'extrémité.

Prothorax assez grossièrement ponctué; rayé, très-près du bord antérieur, d'une ligne transversale laissan tentre elle et le premier une sorte de collier jaune, étroit; marqué, après cette raie, de deux grosses taches noires, transversalement contiguës, d'un flave orangé sur le reste de sa surface.

Ecusson d'un rouge ferrugineux.

Hémélytres d'un flave orangé : appendice de même couleur. Membrane livide; à nervures d'un flave orangé.

Dessous du corps d'un flave rosâtre sur la poitrine; d'un rouge de sang obscur sur le ventre.

Pattes d'un flave rosâtre : cuisses presque annelées par des points vers leur extrémité. *Tarses* obscurs.

Hab. les environs de Lyon. Rare.

Capsus mollis.

Oblongus, subdepressus, pubescens, rufo-testaceus; membranâ hemelytrorum fuliginosâ, basi maculâ albâ; corpore subtùs rufo-testaceo livido: femoribus fusco-punctatis.

Long. 0,0033 (1 1/2 l.) larg. 0,0011 (1/2 l.).

Corps oblong; subdéprimé; roux ou d'un roux testacé, garni de poils noirs ou obscurs, peu épais, couchés, faiblement apparents.

Tête d'un roux testacé, nébuleux à la base du bec. *Yeux* noirs. *Bec* d'un roux testacé, à extrémité obscure.

Antennes à premier article égal au quart ou un peu moins du suivant; noir, à sommet pâle : les suivants, testacés : le deuxième graduellement à peine moins grêle à l'extrémité.

Prothorax, Ecusson, Hémélytres, appendice, roux, ou d'un roux testacé : membrane fuligineuse ou brunâtre, ornée, à l'extrémité de l'appendice, d'une tache triangulaire blanche ou blanchâtre, occupant l'espace compris entre la cellule et le bord externe.

Dessous du corps d'un roux testacé plus pâle que le dessus ; marqué, sur les côtés, de petites taches brunes ou brunâtres.

Pattes plus livides ; marquées sur les cuisses, principalement sur les postérieures, de points bruns disposés sur deux rangées.

Hab. les environs de Lyon.

Capsus punctipes.

Oblongus , subdepressus , livido-cinereus , pube obscurâ parciùs subhirtus ; antennarum articulo primo nigro , apice flavo : secundo lividotestaceo , basi nigro ; corpore subtùs brunneo-livido ; pedibus lividis, femoribus fusco-punctatis.

Long. 0,0051 (2 1/4 l.) larg. 0,0011 (1/2 l.).

Corps oblong; subdéprimé; garni de poils noirs, médiocrement fins, peu épais, mi-couchés, faiblement apparents.

Tête d'un testacé livide, avec le vertex d'un jaune pâle. *Yeux* d'un brun gris. *Bec* d'un livide testacé, avec l'extrémité obscure.

Antennes à premier article un peu plus grand que le quart du suivant, noir, à sommet brièvement jaunâtre : le deuxième, à peu près de grosseur égale, noir à la base sur le septième de sa longueur, ensuite d'un livide cendré ou testacé : les suivants moins pâles.

Prothorax, *Ecusson* et *Hémélytres* livides ou d'un livide tirant sur le gris cendré ou le testacé : le premier, à deux taches d'un jaune pâle près de son bord antérieur : appendice des hémélytres, de même couleur qu'elles : membrane à peine plus pâle.

Dessous du corps d'un livide brunâtre ou d'un brun livide.

Pattes d'un livide tirant sur le grisâtre ou testacé : cuisses, surtout les deux postérieures, marquées de points bruns, presque disposés sur deux rangées longitudinales.

Hab. le midi de la France. Rare.

Capsus decoloratus.

Oblongus, depressus, testaceo-lividus ; prothorace maculis quatuor fuscis : intermediis coadunatis; corio partim carneo; appendice membranâque translucidis.

Long. 0,0033 (1 1/2 l.) larg. 0,0014 (2/3 l.).

Corps oblong; subdéprimé; d'un testacé ou flave testacé livide; glabre.

Tête, *Antennes* et *Bec* de la même couleur ou à peu près. *Yeux* noirs.

Antennes à premier article presque égal au quart du suivant : celui-ci d'une grosseur à peu près uniforme.

Prothorax marqué, au devant de la base, de quatre petites taches brunes : les deux médiaires, contiguës sur la ligne médiane : les latérales, situées chacune vers le quart externe de la largeur, presque en forme d'accent.

Hémélytres graduellement moins pâles, ou d'un rouge de chair, vers la partie postérieure de la corie : appendice et membrane translucides : nervures de celle-ci, d'un blanc livide.

Dessous du corps et *Pattes* d'un testacé livide ou d'un livide jaunâtre.

Hab. les environs de Lyon.

Obs. Elle a beaucoup d'analogie avec le *C. varians* Herrich-
Schæff. et peut-être n'en est-elle qu'une variété ; cependant elle
paraît s'en distinguer par les taches de son prothorax et par l'appendice non coloré de ses hémélytres.

Capsus ocularis.

*Ovalis, subdepressus , feré glaber , niger subnitidus ; oculis, antennis ,
rostri apice, genubus, tibiis et tarsis albidis : oculis vittà nigrâ.*

Long. 0,0036 (1 2/3 l.) larg. 0,0015 (2/3 l.).

Corps ovalaire ; subdéprimé : noir, luisant, et à peu près
glabre, en dessus.

Tête sans tache. *Yeux* blanchâtres ; ornés d'une bande longitudinale noire, raccourcie. *Bec* brun, à extrémité d'un blanc
livide.

Antennes moins longuement prolongées que le ventre ; d'un
flave pâle ; à premier article presque égal au tiers du suivant :
celui-ci, graduellement et à peine moins grêle à son extrémité.

Prothorax, Ecusson et *Hémélytres* sans taches : celles-ci
offrant, à certain jour, par l'effet de la translucidité, une ligne
longitudinale, d'un roux brunâtre, près du bord externe ; inclinées à partir de l'appendice. Ce dernier, noir. Membrane un peu
moins obscure.

Dessous du corps noir. *Cuisses* de même couleur : *genoux,
tibias* et *tarses* d'un blanc livide : tibias, surtout les postérieurs,
ponctués de noir, à la base de leurs poils spinosules.

Hab. les parties occidentales et méridionales de la France.
Cette espèce a été découverte par M. Perris.

Capsus melanaspis.

*Oblongus , subdepressus ; capite subcarneo , lineâ longitudinali nigrâ ;
prothorace anticè collo luteo, posticè punctato , nigro , margine*

pallido ; hemelytris fulvo-pallidis , pube cinerascente hirtis : membranâ nebulosâ ; corpore subtùs nigro-sanguinoso ; pedibus pallidis , fusco-annulatis.

Long. 0,0056 (2 1/2 l.) larg. 0,0016 (2/3 l.).

Corps oblong; subdéprimé; garni, sur les hémélytres, de poils hérissés, grisâtres , assez fins.

Tête glabre; d'un roux testacé; marquée, sur sa ligne médiane, d'une ligne noirâtre, presque à partir du vertex, et d'un point noir à la base des antennes. *Yeux* noirs. *Bec* d'un rouge obscur.

Antennes pubescentes; d'un roux testacé, à dernier article obscur; à premier article presque égal au tiers du suivant : celui-ci graduellement un peu plus épais à son extrémité.

Prothorax paraissant glabre, garni de poils clair-semés et peu apparents; rayé, très-près du bord antérieur, d'une ligne transversale laissant entre elle et le dit bord un collier moins étroit dans son milieu, lisse, d'un beau jaune; postérieurement marqué de points assez gros et d'un noir brûlé, avec les bords plus pâles ou testacés.

Ecusson d'un noir brûlé.

Hémélytres pointillées; d'un fauve livide, ainsi que l'appendice. Membrane nébuleuse.

Dessous du corps d'un rouge de sang noir; marqué de très-petits points jaunâtres, le long de la tranche : épimères postérieures à moitié d'un blanc flavescent.

Pattes d'un flave livide : cuisses à base obscure ou d'un rouge obscur, annelées vers l'extrémité par des points de même couleur : tibias annelés de rouge obscur.

Hᴀʙ. le midi de la France.

Capsus bivitreus.

*Ovato-oblongus , subdepressus , fuscus , densiùs flavescenti-pubescens;
antennis lividis ; hemelytrorum appendice basi pallido-marginato ;
membranâ fuscâ, maculis duabus basalibus pallidis ; corpore subtùs
et femoribus nigris ; tibiis pallidis.*

Long. 0,0039 (1 3/4 l.) larg. 0,0015 (2/3 l.).

Corps ovale-oblong; subdéprimé; en dessus d'un brun plus
ou moins livide, et revêtu d'un duvet flavescent, presque mi-
doré, assez épais.

Tête ordinairement d'un rouge brun.. *Yeux* noirs. *Bec* obscur.

Antennes un peu moins longuement prolongées que le ventre
d'un blanc livide ; à premier article à peine égal au quart du
deuxième : celui-ci, légèrement renflé vers son extrémité.

Prothorax assez densement garni de duvet, ainsi que l'écusson. '

Hémélytres presque aussi densement pubescentes; paraissant
d'un livide brun, par l'effet de la translucidité, sur les parties
qui débordent le corps, brunes ou d'un brun livide sur le reste.
Appendice brun ou brunâtre, paré à la base d'une bordure d'un
blanc livide, en triangle large. Membrane brune ou brunâtre,
ornée de deux taches basilaires d'un blanc livide : l'une ovale ou
subarrondie à l'angle interne : l'autre, en triangle élargi, liée au
côté externe.

Dessous du corps d'un brun rouge. *Cuisses* de même couleur.
Genoux, tibias et *tarses* d'un blanc livide ou flavescent : tibias
hérissés de poils spinosules obscurs.

HAB. les parties méridionales et occidentales de la France.
Cette espèce a été découverte par M. Perris.

Capsus coarctatus.

Elongatus, parcè pubescens, subdepressus, ferrugineus; prothorace anticè contracto; hemelytris medio coarctatis, maculâ basali communi, fasciâque posticâ albis; pedibus antennarumque basi pallidis.

Long. 0,0045 (2 l.) larg. 0,0008 à 0,0011 (1/3 à 1/2 l.).

Corps allongé; subdéprimé; garni de poils rares.

Tête conique; légèrement convexe; ferrugineuse. *Yeux* noirs. *Bec* testacé, avec l'extrémité obscure.

Antennes obscures, à base pâle : deuxième article un peu plus épais au sommet.

Prothorax en cône tronqué; légèrement échancré en devant; étranglé après le bord antérieur; postérieurement élevé; chagriné; ferrugineux.

Ecusson convexe; ferrugineux; plus obscur à sa partie postérieure.

Hémélytres de la largeur du prothorax à leur base; allongées; notablement rétrécies dans leur milieu; d'un ferrugineux mat; parées d'une tache commune, d'un blanc vif, en arc dont les extrémités se lient aux deux épaules; ornées d'une bande transversale de même couleur, joignant l'appendice : ce dernier, brunâtre. Membrane obscure.

Dessous du corps d'un rouge sanguin sur le sternum. *Ventre* brun, à base pâle.

Pattes allongées; testacées : hanches antérieures, trochanters, base des cuisses, base des tibias, teintés de rouge.

Hab. les environs de Lyon. Très-rare.

Obs. Cette espèce très-voisine du *C. capito* Serv. quant au faciès, s'en distingue par sa couleur; par sa tête moins globuleuse; par ses hémélytres plus resserrées au milieu, et par la forme et la disposition des bandes blanches.

Capsus forticornis.

Elongatus, subdepressus, fusco-pubescens, rufo-ferrugineus; pedibus et antennarum articulis ultimis duobus pallidis : harum articulo secundo per totam longitudinem paulò dilatato.

Long. 0,0045 (2 l.) larg. 0,0036 (2/3 l.).

Corps allongé, subdéprimé; légèrement chagriné; pubescent.

Téte transverse; conique; convexe; ferrugineuse. *Yeux* bruns. *Bec* pâle, avec les articulations et l'extrémité plus obscures.

Antennes pubescentes; ferrugineuses, avec les deux derniers articles pâles, grèles, subulés : le deuxième, légèrement et également dilaté dans toute sa longueur.

Prothorax court; en cône tronqué; transversalement convexe au milieu; ferrugineux.

Ecusson ferrugineux.

Hémélytres de la largeur du prothorax à leur base; allongées; subparallèles; d'un roux ferrugineux, ainsi que l'appendice. Membrane enfumée.

Dessous du corps d'un ferrugineux clair.

Pattes grèles; pâles : *tibias* extérieurement épineux.

Hab. le Mont-Dore. Très-rare.

Obs. Cette espèce diffère du *C. crassicornis*, Hahn, par sa couleur plus claire; ses hémélytres plus parallèles; par l'absence des taches pâles à la base de l'appendice et sur la membrane.

Capsus tigripes.

Breviter ovalis, subconvexus, parciùs aureo-pilosus, opacus, niger; vertice, geniculis et tibiis externè pallidis; prothorace fortiter transverso. Antennarum articulo secundo dilatato.

Long. 0,0033 (1 1/2 l.) larg. 0,0022 (1 l.).

Corps en ovale court ; légèrement convexe ; garni de quelques poils jaunâtres.

Tête transverse; conique; convexe; noire, avec le vertex pâle. *Yeux* bruns, bordés de pâle. *Bec* noir, avec les articulations plus claires.

Antennes noires ; pubescentes ; à deuxième article dilaté en massue fusiforme.

Prothorax très-court ; en cône tronqué ; convexe ; légèrement échancré en devant ; entièrement noir ; finement chagriné.

Ecusson noir ; convexe.

Hémélytres de la longueur du prothorax à leur base ; légèrement élargies au milieu ; noires, garnies de quelques poils d'un jaune brillant : appendice noir. Membrane obscure.

Dessous du corps et *Pattes* noires : genoux et arête extérieure des tibias, pâles : ces derniers armés d'épines et marqués de points noirs sur cette même arête.

Hab. le midi de la France. Environs de Nimes. Rare.

Obs. Cette espèce diffère du *C. unicolor* Hahn ♂, par sa taille plus petite, proportionnellement plus courte, et par la couleur des tibias. Ce dernier caractère, la couleur de ses antennes et sa forme raccourcie empêcheront toujours de la confondre avec le *C. marginicornis* Fall.

Capsus antennatus.

Oblongus , pubescens , nitidus, fusco-niger, capitis thoracisque lineolâ, hemelytrorumque vittâ juxta-marginali, appendicisque basi pallidis. Pedibus testaceis , femoribus posticis apice infuscatis. Antennis articulo secundo apice infernè angulosè dilatato.

Long. 0,0067 (3 l.) larg. 0,0028 (1 1/4 l.).

Corps allongé ; légèrement pubescent ; subdéprimé.

Tête convexe ; transverse ; conique ; noire, avec le cou, une ligne longitudinale sur le front , le tubercule antennifère , et l'insertion du bec , testacés. *Yeux* noirâtres. *Bec* testacé , à extrémité noire.

Antennes velues ; à deux premiers articles épais : les deux derniers, grêles : le deuxième, dilaté à son extrémité, en dessous , en forme d'angle arrondi au sommet et portant une brosse de poils serrés ; d'un testacé livide , avec la base et le sommet du premier article, la base du troisième et le quatrième, plus obscurs.

Prothorax en cône tronqué ; légèrement échancré en devant ; étranglé après son bord antérieur ; noir ; étroitement bordé de blanchâtre à la base ; paré d'une linéole de même couleur sur la partie postérieure du disque et de deux cicatrices à la partie antérieure.

Ecusson noir , à pointe pâle.

Hémélytres oblongues ; subépineuses au milieu de leur bord latéral ; brillantes ; d'un noir grisâtre ; parées d'une bande sub-humérale testacée , prolongée jusque près de l'appendice : celui-ci , noirâtre , à base pâle.

Dessous du corps noir. Ventre ferrugineux , avec les côtés et quelques maculatures brunes. Anus noir.

Hanches et *pattes* testacées : dernière moitié des cuisses postérieures , extrémité des *tibias* et *tarses*, obscurs : tibias armés d'épines et marqués de points noirs.

HAB. diverses parties du département du Rhône. Rare.

OBS. La conformation du deuxième article des antennes distingue cette espèce de toutes ses voisines.

Capsus horridus.

*Brevis, subconvexus, fortiter coriaceus, fusco-hirtus, niger ; anten-
narum basi, capite femoribusque, sanguineis ; tibiis dilutioribus,
apice cum tarsis fuscis ; hemelytris abbreviatis; membranâ nullâ.*

Long. 0,0045 (2 l.) larg. 0,0033 (1 1/2 l.).

Corps court ; subconvexe ; fortement chagriné ; hérissé de
poils obscurs.

Tête transverse ; conique ; convexe ; presque lisse ; d'un
rouge de sang clair : vertex et *yeux*, noirs. *Bec* obscur.

Antennes hérissées de poils obscurs ; noires : premier article
rouge ou obscur au sommet : le deuxième, un peu plus épais à
son extrémité.

Prothorax en cône tronqué ; noir ; fortement rugueux, avec
la partie antérieure lisse, étranglée.

Ecusson noir ; fortement chagriné.

Hémélytres de la largeur du prothorax à leur base; raccourcies ; notablement élargies après leur milieu ; fortement chagrinées ; noires ; arrondies à l'extrémité; sans appendice et sans
membrane.

Dessous du corps noir. *Abdomen* aussi large que long.

Pattes hérissées de poils grisâtres ; d'un rouge de sang clair.

Tibias testacés, obscurs à leur extrémité ainsi que les *tarses*.

Hab. l'ancien Beaujolais. Très-rare.

Capsus stygialis.

*Brevis, subconvexus, dilatatus, ater, vix pilosus ; hemelytris apice
obtusis, membranâ nullâ.*

Long. 0,0045 (2 l.) larg. 0,0030 (1 1/3 l.).

Corps assez court ; faiblement convexe ; entièrement d'un
noir mat, en dessus ; garni de poils noirs, mi-hérissés, très-
clair-semés, peu apparents.

Antennes poilues ; à premier article presque égal au tiers du suivant : celui-ci graduellement et sensiblement épaissi à son extrémité.

Prothorax élargi en ligne droite, d'avant en arrière ; rayé, vers les deux cinquièmes de la longueur, d'un sillon transversal interrompu dans son milieu ; marqué, sur la ligne médiane, au devant de ce sillon d'une impression en forme de V.

Hémélytres sans membrane, et obtusément arrondies à l'extrémité ; plus courtes que l'abdomen. *Ailes* rudimentaires.

Dessous du corps et *Pattes* entièrement noirs : côtés de la poitrine et du ventre parcimonieusement garnis de poils squammiformes d'un blanc flavescent.

Hab. les environs de Lyon.

Obs. Cette espèce a la plus grande analogie avec le *C. saltator*, Hahn ; peut-être n'en est-elle qu'une variété. Elle s'en distingue principalement par la couleur noire de ses tibias.

Capsus tenuicornis.

Brevis, subconvexus, dilatatus, niger, obscurus, albo pulvinato ; antennarum articulo primo et articuli secundi dimidiâ parte basali, femorum apice et tibiis fulvis ; hemelytris apice obtusis, membranâ nullâ.

Long. 0^m,0042 (1 7/8 l.) — larg. 0^m,0017 (3/4 l.).

Corps assez court ; sensiblement convexe ; d'un noir mat, en dessus ; comme poudré d'une manière inégale de poils blancs, subsquammiformes, collés, brillants ; parcimonieusement garni de poils noirs, assez rudes, mi-couchés.

Antennes à premier article un peu plus grand que le quart du suivant ou presque égal au tiers de celui-ci, fauve, ainsi que la moitié basilaire du deuxième : ce dernier graduellement un peu plus épais à son extrémité, noir sur sa seconde moitié : articles suivants, de cette dernière couleur.

Hémélytres élargies en ligne courbe ; obtusément arrondies à l'extrémité ; plus courtes que l'abdomen ; sans appendice ni membrane.

Pygidium et *dessous du corps* noirs , et poudrés de blanc comme le dessus.

Pattes noires : extrémité des cuisses et tibias , fauves ou d'un fauve roux.

Hab. les environs de Lyon et le midi de la France.

Obs. Cette espèce a beaucoup d'analogie avec le. *C. saltator* , Hahn ; elle s'en distingue par une tache plus petite ; par son corps plus garni de poils blancs ; par la couleur de ses antennes.

FAMILLE DES **TINGIDES.** Herr. Schæff.

Monanthia unicostata.

Depressa , ferruginea ; hemelytrorum tricarinatorum maculis duabus pedibusque pallidis ; prothoracis maculis duabus anticis, apice capitis , tarsorum et disci scutellaris infuscatis. Capite quinque-cornuto ; prothorace unicostato , lateribus carinato.

Long. 0^m,0028 (1 1/4 l.) larg. 0^m,0015 (2/3 l.).

Corps déprimé ; subelliptique ; fortement ponctué.

Tête convexe ; ponctuée ; ferrugineuse ; noire ; armée antérieurement de cinq cornes couchées, blanchâtres : deux, joignant les yeux : une, frontale : deux, antérieures, convergentes en devant.

Antennes testacées ; à dernier article velu , en massue allongée.

Prothorax piriforme ; rebordé en devant ; un peu rétréci et transversalement impressionné avant sa partie antérieure ; latéralement caréné ; transversalement élevé vers le milieu dans sa partie la plus large ; déprimé sur le disque scutellaire , et longi-

tudinalement chargé d'une côte unique; fortement ponctué ; ferrugineux, avec l'extrémité scutellaire et deux taches antérieures,
noirâtres : rebord antérieur, côte médiane et carène latérale,
blanchâtres : celle-ci, antérieurement dilatée en forme de spatule.

Hémélytres tricarénées; finement réticulées; de la largeur du
prothorax à leur base, dilatées au milieu, rétrécies après
celui-ci, et s'élargissant insensiblement de nouveau avant l'extrémité ; arrondies à cette dernière; ferrugineuses ; parées de deux
grandes taches pâles : une, un peu après la base : l'autre, un
peu avant l'angle postéro-externe de la corie. Membrane coriace ;
grisâtre, réticulée de noir; à mailles plus lâches que celles de la
corie.

Pattes pâles : tarses à extrémité obscure.

Dessous du corps noirâtre : ventre d'un brun rougeâtre.

Hab. le Languedoc. Rare.

Obs. Cette espèce ressemble à la *M. dumetorum*, Herr.
Schæff., par les couleurs ; mais elle appartient à la division des
Monanthia à bords carénés (*Tropidocheila* Fieb.). Sa côte pro-
thoracique unique la distingue facilement de ses congénères.

Monanthia Kiesenwetteri.

*Depressa, albo-cinerea, lanosa; fronte bisulcata ; prothorace margi-
nato, costis tribus elevatis, longitudinalibus anticè abbreviatis ; hemelytris lineis transversis lateralibus nigris ; corpore subtùs nigro,
albo-lanoso, sulco rostrali albo marginato ; antennis fulvis ; tibiis
tarsisque testaceo-pallidis.*

Long. 0,0036 (1 2/3 l.) larg. 0,0020 (7/8 l)

Corps obovale ; déprimé; d'un blanc cendré, et hérissé de poils
frisés de même couleur, en dessus.

Tête creusée de deux sillons longitudinaux, divisant le front en
trois intervalles à peu près égaux. *Yeux* noirs. *Bec* fauve ; prolongé jusqu'à la naissance des pieds postérieurs.

Antennes d'un fauve testacé ; poilues : ces poils frisés sur les trois premiers articles : le deuxième de ceux-ci égal au tiers du troisième : le quatrième , en massue ovalaire , plus grand que la moitié du précédent.

Prothorax muni latéralement d'un rebord presque en forme de côte ; chargé longitudinalement de trois côtes partageant presque également sa largeur , naissant d'un empâtement marqué de gros points , couvrant le tiers antérieur de la longueur , mais isolé des rebords latéraux et débordant à peine la côte externe : extrémité scutellaire marquée de points assez gros.

Hémélytres dilatées dans le milieu ; rétrécies ensuite ; arrondies chacune à leur extrémité ; chargées d'une nervure parallèle au bord externe , dont elle est séparée par un sillon sensible ; offrant une autre nervure naissant de l'extrémité scutellaire , à leur bord interne , et dirigée vers le bord postéro-externe ; réticulées ; d'un blanc cendré , comme le reste du dessus du corps ; ornées latéralement de taches ou lignes transversales prolongées du bord externe jusqu'au sillon juxta-marginal ; ordinairement marquées sur le reste de leur surface de quelques autres petites taches obscures ou noirâtres.

Dessous du corps noir , mais revêtu d'un duvet frisé , assez épais , d'un blanc cendré ; orné , entre les pieds antérieurs et postérieurs , de deux lignes saillantes d'un blanc livide , formant le bord de la gouttière servant à loger le bec.

Pattes poilues : *tibias* et *tarses* d'un livide testacé ou flavescent : extrémité des tarses , fauve : *cuisses* plus obscures.

Hab. l'ancienne Provence. Elle a également été prise dans les Pyrénées par M. de Kiesenwetter.

Nous l'avons dédiée à ce savant Entomologiste.

FAMILLE DES **RÉDUVITES**.

Harpactor carnifex.

Niger ; abdomine rubro , lateribus nigro-fasciato.

Long. 0ᵐ,0100 (4 l.) larg. 0ᵐ,0025 (1 1/8 l.)

Corps allongé.

Tête d'un noir luisant : *bec* et *antennes* de même couleur.

Prothorax bimamelonné et d'un noir luisant, au devant du sillon transversal, ensuite d'un noir mat, pointillé et finement rugueux.

Ecusson noir; chargé postérieurement d'un relief en forme de V.

Hémélytres d'un noir mat.

Poitrine noire. *Ventre* rouge ; orné de chaque côté, sur le tiers de sa largeur, d'une bande transversale noire, couvrant la moitié antérieure de chaque arceau.

Pattes noires.

Hᴀʙ. diverses parties de l'ancienne Provence.

Harpactor lividigaster.

Niger, scutello lineâ albâ ; abdomine, disco et lateribus lividis : his maculâ segmentariâ obtriangulari nigrâ ; pedibus rubris ; femoribus basi, apice et annulo medio nigris.

Long. 0,0067 (3 l) larg. 0,0014(3/5 l)

Tête d'un noir luisant : *bec* et *antennes* de même couleur.

Prothorax d'un noir luisant ; bimamelonné au devant du sillon transversal.

Ecusson noir, chargé d'un relief en forme d'Y, dont le pied ou partie postérieure est blanc.

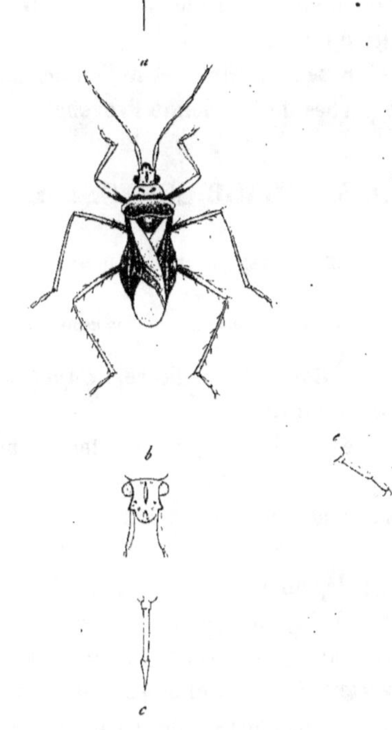

Mesovelia furcata

Muls. et Rey

Hémélytres brunes, à reflet légèrement bronzé ou bronzé cuivreux.

Poitrine noire. *Ventre* d'un blanc livide, au moins sur sa moitié longitudinalement médiaire ; orné d'une large bande longitudinale noire entre cette partie blanche discale et les côtés : ceux-ci, d'un blanc livide, marqués , sur chaque arceau, d'une tache obtriangulaire noire.

Pattes rouges : base, extrémité et milieu des cuisses, noirs.

Hab. diverses parties de l'ancienne Provence.

TRIBU DES AMPHIBICORES. Herr. Schæff.

GENRE MESOVELIA, Mésovélie.

(Μεσος , mitoyen ; *velia ,* nóm d'un genre voisin.)

Caractères. — *Rostrum* mediocre. *Caput* ad antennarum basin angulosè dilatatum.

Antennae graciles, articulo secundo cæteris minore.

Scutello conspicuo.

Pedes tenues, valdè elongati. *Tarsi* articulo primo brevissimo.

Corps oblong ; déprimé.

Tête (fig. b) allongée ; chargée d'un tubercule antennifère prononcé, anguleux. *Yeux* gros ; saillants. *Ocelles* assez rapprochés, placés vers le vertex. *Bec* (fig. c) assez grèle ; atteignant l'insertion des pattes intermédiaires ; de deux articles apparents : le premier, trois fois plus long que le suivant.

Antennes très-grèles ; de quatre articles : les premier, troisième et quatrième, presque égaux : le deuxième, un peu plus court : le premier, plus épais, légèrement arqué en dehors.

Prothorax en cône tronqué en devant ; dilaté latéralement

vers le tiers de sa longueur en une espèce de gibbosité ; prolongé au milieu de son bord postérieur en une lame semi-circulaire, dont il est séparé par une suture ou rebord : cette lame simulant un premier écusson couvrant en partie le véritable.

Hémélytres chargées de deux côtés principales et de faibles ramifications, formant ensemble cinq cellules : l'interne, grande, allongée, elliptique : les deux postérieures, médiocres : les deux externes, étroites. Membrane sans nervure sensible.

Abdomen de six segments. *Ventre* convexe, à dernier arceau profondément échancré chez la ♀.

Pattes longues ; très-grêles ; épineuses : les antérieures plus courtes et plus épaisses. *Tarses* simples ; de trois articles : le premier très-court : tarses intermédiaires et postérieurs (fig. e) à deuxième article allongé, près d'une fois plus grand que le troisième : tarses antérieurs (fig. d) à troisième article plus épais et un peu plus long que le précédent. *Crochets* très-petits.

Obs. Cette coupe se distingue des genres *Velia*, LATR. et *Microvelia*, L. DUF., par ses antennes, par ses pattes grêles et par la présence de l'écusson.

Microvelia fuscata.

Oblonga, depressa, livido-testacea ; capitis maculis sex, prothoracis basi scutelloque nigris ; geniculis, tibiarum et tarsorum apice, hemelytrisque obscuris ; his internê dilutioribus, basi albidis ; antennis piceo-testaceis, articulo primo basi apiceque fusco ; membranâ fusco-albidâ. Abdomine pallido, ano infuscato.

Long. 0,0039 (1 3/41) larg. 0,0011 (1/21).

Corps allongé ; déprimé.

Tête allongée ; d'un testacé livide, avec le tubercule antennifère, les ocelles et six taches, obscurs : une, antérieure, allongée : deux, de chaque côté, au devant des yeux, ponctiformes : une, allongée, stigmatiforme, s'étendant depuis le milieu du front jusqu'au vertex. *Yeux* noirs. *Bec* testacé, avec l'extrémité noire.

Antennes pubescentes ; d'une couleur de poix testacée, avec la base et le sommet du premier article plus obscurs : celui-ci muni d'un poil spiniforme au côté interne.

Prothorax en cône tronqué en devant ; latéralement dilaté et transversalement élevé avant la base ; postérieurement rebordé ; d'un noir opaque, avec les gibbosités et la partie antérieure, d'un testacé livide ; creusé sur cette partie de deux fossettes ovales : l'une, semi-circulaire, rebordée.

Partie visible de l'*Ecusson* transverse, concave, noire.

Hémélytres d'un noir de poix, avec le fond des cellules et la région médiaire plus clairs ; marquées d'une grande tache commune blanche à la base, formant une espèce de croissant ou de fourche qui embrasse l'écusson et la lame semi-circulaire ; offrant quelques petites rides transversales aux angles postéro-externes. Membrane blanchâtre.

Dessous du corps d'un testacé blanchâtre, avec l'anus obscur.

Pattes d'un testacé livide, avec les genoux, l'extrémité des *tibias* et le dernier article des tarses, noirâtres ; pubescentes, avec les *cuisses* et les *tibias*, moins les antérieurs, épineux : épines plus nombreuses au côté interne, plus fortes aux cuisses antérieures. *Tarses* simples ; pubescents ; allongés.

HAB. Fallavier (Isère), parmi les détritus des marais. Très-rare.

TRIBU DES HYDROCORES ; Hebr. Schæff.

FAMILLE DES BÉLASTOMIDES, Herr. Schæff.

Corixa fasciolata.

Alata, fusco-testacea ; capite thoracis latera superante ; sterno, abdomine pedibusque albido-testaceis ; tarsorum apice, prothorace, scutello, hemelytrorum vittis duabus, clavâ, carinâ et costâ marginali fuscis.

Long. 0,0045 (2 l.) larg. 0,0017 (3/4 l.).

Corps allongé ; légèrement convexe ; brillant ; obsolètement chagriné.

Tête d'un jaune blanchâtre ; front avancé en triangle obtus. *Yeux* grands, noirs, débordant les côtés du prothorax.

Prothorax obscur ; court, en ellipse transverse ; chargé, à sa partie antérieure, d'une carène longitudinale lisse et presque effacée ; marqué de quelques rides sur les côtés du disque.

Ecusson triangulaire ; obscur.

Hémélytres oblongues ; de la largeur du prothorax à leur base ; légèrement dilatées postérieurement ; individuellement arrondies à l'extrémité ; sinueuses à la suture ; d'un testacé obscur, avec la clé, deux bandes longitudinales postérieurement élargies, la carène et la marge, noirâtres. Cellule latérale pâle. Membrane coriace ; obscure.

Dessous du corps et *pattes* d'un testacé blanchâtre : extrémité des tarses, obscure. *Ventre* latéralement déprimé et marqué sur cette partie d'une bande juxta-marginale verdâtre. Anus roux.

Hab. les environs de Cluny (Saône-et-Loire), dans les eaux de la Grosne. Juin. Très-rare.

Obs. Cette espèce diffère de la *C. Caleoptrata* Fabr. par son prothorax moins court ; ses élytres plus allongées, à côtés subparallèles, à angle sutural arrondi ; enfin par la présence des ailes.

PREMIÈRE SÉRIE

DE

COLÉOPTÈRES NOUVEAUX,

OU PEU CONNUS,

PAR

E. MULSANT et Al. WACHANRU.

(Présentée à l'Académie des sciences, belles-lettres et arts de Lyon,
le 25 novembre 1851.)

1. Cymindis russipes.

Long. 0,0095 (4 1/4 l.) larg. 0,0033 (1 1/2 l.).

Tête noire; subruguleusement ponctuée sur le front, longitudinalement ridée au côté interne des yeux; obsolètement pointillée sur l'épistome. Labre, *antennes* et *palpes* d'un rouge
brunâtre ou d'un roux fauve : les palpes et antennes, à premier
article plus pâle. *Prothorax* rétréci d'avant en arrière, armé d'une
petite dent aux angles postérieurs, arqué en arrière à la base;
brun, avec les bords latéraux d'un roux fauve; longitudinalement
rayé d'une ligne médiane à peine prolongée au-delà des trois
quarts de sa longueur; ponctué, et marqué de rides transversales
mais insensibles, près de la ligne médiane. *Ecusson* et *élytres*
d'un roux testacé : celles-ci, ornées, à partir du tiers de la longueur, d'une bordure latérale plus pâle, couvrant les deux intervalles externes; marquées chacune d'une tache noire, naissant du

11

tiers aux deux cinquièmes de la longueur, couvrant d'abord les intervalles cinq à huit, et, à partir des deux tiers aux trois quarts jusqu'à l'extrémité, tous les intervalles moins les deux externes; à neuf stries finement ponctuées et très-marquées, outre une strie juxta-suturale raccourcie : intervalles ponctués : le neuvième, orné de points cycloïdes. *Dessous du corps* d'un brun noir sur la partie inférieure de la tête et sur les parties pectorales, d'un roux fauve sur le ventre. *Pieds* un peu plus pâles que ce dernier.

Patrie : la Turquie d'Asie.

2. **Brachinus nitidulus.**

Long. 0,0070 (3 1/8 l.) larg. 0,0023 (1 l.).

Entièrement d'un rouge roux ou ferrugineux, avec les élytres bleues. *Prothorax* subcordiforme; sinueusement rétréci dans sa seconde moitié; rayé longitudinalement d'une ligne médiaire. *Elytres* pubescentes, rayées de stries assez faibles.

Patrie : la Turquie asiatique.

Obs. Cette espèce portait dans la collection de Solier le nom que nous lui avons conservé.

3. **Cardiophorus cyanipennis.**

Long 0,0067 (3 l.). Larg. 0,0022 (1 l.)

Tête et *Antennes* noires. *Prothorax* en majeure partie d'un rouge testacé; orné en devant d'une tache noire transversalement étendue jusqu'aux bords latéraux et même sur une partie du repli, en laissant les angles de devant d'un rouge testacé, couvrant chaque bord latéral jusqu'au quart au moins de sa longueur, anguleusement prolongée en arrière dans son milieu presque jusqu'aux deux tiers : ce prolongement couvrant environ le tiers médiaire de la largeur à sa partie antérieure , graduellement rétréci postérieurement ; paré à la base d'une bordure également noire, moins étroite au devant de l'écusson : celui-ci, noir. *Elytres* brièvement pubescentes ; d'un bleu légèrement verdâtre; à neuf stries ponctuées, peu profondes, étroites, et paraissant en partie formées par des rangées de points plus longs que larges. *Dessous du corps* garni d'un duvet grisâtre, très-court et soyeux ; noir, avec les côtés de l'antépectus d'un rouge testacé. *Pieds* de cette dernière couleur : extrémité des jambes et tarses, noirs.

Patrie : la Caramanie.

4. Colophotia maculicollis.

Long. 0,0112 (5 l.) larg. 0,0036 (1 2/3 l.).

Tête noire ; pointillée ; garnie d'un duvet cendré obscur. *Antennes* aussi longuement prolongées que les hanches postérieures ; subdentelées ; d'un testacé brunâtre ainsi que les palpes. *Prothorax* d'un roux fauve ou d'un testacé roussâtre, marqué longitudinalement sur le quart médiaire de sa largeur d'une tache noire prolongée depuis le bord antérieur jusqu'aux trois cinquièmes postérieurs ; ponctué ; pubescent ; rayé d'un faible sillon sur la ligne médiane ; assez fortement rebordé, surtout en devant. *Ecusson* d'un testacé roussâtre. *Elytres* d'un gris fauve, ornées chacune dans leur périphérie d'une bordure d'un testacé roussâtre. *Dessous du corps* d'un testacé fauve livide. *Pieds* d'un testacé fauve.

Patrie : la Caramanie.

5. Telephorus nigritarsis.

Long. 0ᵐ,0064 (2 7/8 l) larg. 0ᵐ,0016 (3/4 l).

Tête orangée sur sa moitié antérieure, noire postérieurement depuis le milieu du front ; finement ponctuée. *Mandibules* noires.

Antennes au moins aussi longuement prolongées que les trois quarts
des élytres ; à premier article orangé : les deuxième et troisième
de couleur analogue, mais de teinte moins vive : les troisième et
quatrième, d'un jaune testacé à la base, d'un noir cendré à l'extrémité : les suivants, noirs, mais garnis d'un duvet cendré court.
Prothorax presque carré, arqué en devant, à peine sinueux au
milieu de sa base ; creusé transversalement, vers le tiers de sa
longueur, d'un sillon assez large ; offrant postérieurement une
ligne ou raie assez fine sur la ligne médiane ; orangé, orné de
deux taches noires, contiguës sur la ligne médiane, ovales,
couvrant le tiers médiaire de la longueur, et chacune le quart ou
un peu moins de la largeur. *Elytres* noires ; offrant de faibles
stries, moins indistinctes quand l'insecte est vu de côté ; couvertes
d'un duvet gris ou gris cendré ; ce duvet offrant des points brill-
lants d'un gris de perle, quand l'insecte est vu d'arrière en avant ;
marquées alors de points enfoncés rapprochés. *Dessous du corps*
noir, avec les côtés de l'antépectus et du ventre d'un jaune testacé
orangé. *Pieds* d'un jaune orangé, avec les tarses noirs.

PATRIE : la Turquie d'Asie.

6. **Malachius viridanus**.

Long. 0,0052 (2 1/3 l.).

Corps suballongé ; d'un vert métallique ou bronzé clair ;
hérissé de poils noirs assez longs et peu épais. *Tête* brillante ;
creusée de deux sillons longitudinaux entre les antennes : épistome
et majeure partie basilaire des mandibules, d'un jaune rougeâtre. *Antennes* un plus longuement prolongées que la moitié
du corps ; d'un vert obscur ; à premier article renflé dans son
milieu : le deuxième, petit, globuleux : les suivants, filiformes :
le troisième, d'un quart plus grand que le quatrième. *Prothorax*
brillant ou luisant ; à peine moins long que large ; subarrondi à
ses angles ; incliné aux antérieurs ; sans rebord sur les côtés ;
creusé, au devant de la base, d'une impression transversale en

arc dirigé en arrière, plus prononcée sur les côtés et faisant paraître les angles postérieurs relevés. *Elytres* subparallèles ; finement et légèrement ruguleuses ; peu ou point luisantes, orangées dans leur huitième postérieur. *Dessous du corps* et *pieds* d'un vert bronzé.

PATRIE : la Caramanie.

Nous n'avons vu qué l'un des sexes.

7. Helophorus acutipalpus.

Long. 0,045 (2 l.).

Tête métallique ; d'un vert cuivreux ; granuleuse. *Palpes* d'un roux testacé, à dernier article obscur à son extrémité, et en pointe plus aiguë à celle-ci que chez les espèces voisines. *Prothorax* assez faiblement rétréci d'avant en arrière ; sinueux latéralement près des angles postérieurs ; d'un vert cuivreux ; chargé longitudinalement de six reliefs granuleux : le submarginal très-rétréci ou presque interrompu dans son milieu ; à sillon médiaire droit, de largeur égale : sillon submédiaire un peu arqué extérieurement, à peine sinueux près de la base. *Elytres* subparallèles jusqu'aux deux tiers, en ogive postérieurement ; médiocrement convexes ; à dix rangées striales de points alternativement séparés par des intervalles élevés en forme de côtes ; offrant de plus une rangée juxta-suturale rudimentaire ; d'un gris testacé ; marquées, vers la moitié de la longueur, de deux points noirs sur les première et deuxième rangées striales ; ornées de trois ou quatre autres taches moins obscures sur chacune des mêmes rangées, ainsi que sur les quatrième, sixième et huitième rangées. *Dessous du corps* d'un brun gris. *Pieds* d'un roux livide ou d'un flave testacé, avec les hanches et la base des cuisses plus obscures.

PATRIE : la Caramanie.

OBS. Cette espèce a beaucoup d'analogie avec l'*H. intermedius*, dont elle est visiblement distincte.

8. **Helophorus pallidipennis.**

Long. 0,0045 (2 l.).

Tête d'un cuivreux ou d'un flave cuivreux mi-doré; finement granuleuse. *Palpes* d'un flave testacé livide, à dernier article noirâtre à l'extrémité. *Prothorax* rétréci assez faiblement et presque en droite ligne; médiocrement convexe; à six reliefs peu convexes : les quatre médiaires, finement pointillés et verdâtres : les deux latéraux, cuivreux ou d'un flave cuivreux et plus sensiblement ponctués; creusé entre les deux reliefs médiaires d'une dépression ou fossette allongée, offrant, longitudinalement dans son milieu, une ligne à peine saillante; à sillon juxta-médiaire faiblement arqué en dehors, et sensiblement sinueux près de la base; à sillon subexterne presque droit. *Elytres* quatre fois environ aussi longues que le prothorax; faiblement élargies jusqu'aux trois cinquièmes, en ogive obtuse postérieurement; médiocrement convexes; d'un flave testacé ou d'un testacé livide; à dix stries ponctuées et sans onzième strie rudimentaire. Intervalles planes près de la base, subconvexes à l'extrémité. *Pieds* de la couleur des élytres.

Patrie : la Caramanie.

9. **Aphodius signatipennis.**

Long. 0,0072 (3 1/4 l.) larg. 0,0035 (1 2/5 l.).

Corps oblong; médiocrement convexe; luisant en dessus. *Chaperon* en demi-hexagone; rebordé; sensiblement abaissé dans le milieu de son bord antérieur et relevé aux angles de devant. *Tête* pointillée; noire, ou d'un noir brun sur le front, d'un noir roux en devant, avec les côtés de l'épistome plus clairs. *Prothorax* marqué de points peu et assez inégalement rapprochés; rebordé latéralement, sans rebord à la base; brun ou d'un brun

châtain , avec les côtés et le bord postérieur d'un flave testacé
roussâtre : les côtés, presque sur le quart de la largeur, et ordinairement marqués d'une tache subponctiforme obscure : bordure postérieure, presque de deux tiers plus étroite. *Ecusson*
brun ; triangulaire, prolongé jusqu'au septième de la longueur
de la suture. *Elytres* parallèles ; obtusément arrondies postérieurement ; à stries peu ou point crénelées par les strioles
transversales ; d'un jaune testacé, parées chacune de deux taches
ou bandes noires : l'externe couvrant le sixième intervalle et les
stries voisines , depuis le huitième environ jusqu'à la moitié de
la longueur : l'interne, plus postérieure, couvrant le quatrième
intervalle , depuis les trois septièmes environ presque jusqu'aux
deux tiers de la longueur : première , deuxième, troisième et
quatrième stries brunes et un peu plus profondes jusqu'à ce
point. *Dessous du corps* d'un gris ou brunâtre testacé, avec la
plaque métasternale et le bord postérieur des arceaux du ventre
d'un jaune testacé. *Pieds* de cette dernière couleur.

Patrie : la Caramanie.

Obs. Cette espèce doit se placer près de l'*Aph. sordidus.*

10. Valgus Peyroni.

Long. 0,0072 (3 1/4 l.) Larg. 0,0030 (1 1/31.)

Tête noire à sa partie postérieure, graduellement brune en
devant; ponctuée d'une manière réticuleuse; parée au devant
des yeux, et transversalement entre ceux-ci, sur le front, de
petites squammules redressées, d'un flave roussâtre. *Prothorax*
noir ; réticuleusement ponctué ; chargé de deux lignes longitudinales et parallèles, naissant du bord antérieur , de chaque côté
de la ligne médiane, séparées par un espace égal environ au
quart de la largeur totale, à peine prolongées jusqu'à la moitié
de la longueur; creusé, postérieurement à ces lignes, d'un sillon assez large sur la ligne médiane. *Ecusson* en triangle allongé;

noir. *Elytres* d'un rouge brun ; rayées sur leur moitié interne de cinq stries ou lignes étroites, ruguleusement ponctuées sur leur moitié externe ; couvertes sur leur moitié interne de petites écailles plus denses près de la base, moins épaisses près de l'extrémité : ces écailles formant, sur chaque élytre, deux taches d'un noir brun velouté, sur un fond blanc : la tache antérieure couvrant du cinquième aux deux cinquièmes de la longueur, et de la première à la quatrième strie : la deuxième tache, prolongée des quatre septièmes jusqu'aux cinq sixièmes de la longueur, sur une largeur semblable. Pygidium et anneau précédent revêtus d'écailles d'un blanc flavescent : l'arceau qui suit les élytres orné d'une raie médiaire longitudinale, noire, étroite, postérieurement élargie : le pygidium paré d'une raie formant la continuation de la précédente, mais cinq fois environ plus large. *Dessous du corps* noir, garni d'écailles blanches, très-densement disposées sur les côtés, parcimonieusement sur la partie médiaire. *Pieds* noirs, avec les tarses ordinairement plus clairs ; garnis d'écailles.

PATRIE : la Turquie asiatique.

Nous avons dédié cette charmante espèce à M. Peyron, dont le zèle promet à la science de nombreuses découvertes.

11. Pimelia Solieri.

Long 0,0200 (9 l.) la plus grande largeur des élytres 0,0125 (5 1/2 l.).

Corps d'un noir peu luisant. *Tête* parsemée de points petits et superficiels. *Antennes* à troisième article à peu près aussi grand que les trois suivants réunis. *Prothorax* transverse ; près de trois fois aussi large dans son diamètre le plus grand que long dans son milieu ; arqué sur les côtés ; plus large dans son milieu ; étroitement rebordé en devant et en arrière : rebord latéral caché en dessous ; lisse ou à peu près sur le dos, garni sur les côtés de grains graduellement plus prononcés et plus rapprochés de dedans en dehors. *Elytres* d'un cinquième environ plus longues que larges prises ensemble dans leur milieu ; arrondies à l'angle huméral ; presque planes sur les trois cinquièmes antérieurs du milieu du dos, convexement déclives sur les côtés ; assez fortement ridées ; parées de petites granulations ; chargées chacune de quatre nervures longitudinales : la première, plus faible et surtout à la base, naissant plus ou moins obsolète vers la moitié de la largeur de celle-ci, prolongée jusque vers les deux tiers de la longueur où elle s'unit à la suivante, de moitié plus rapprochée de la suture à sa partie postérieure qu'à l'antérieure : la deuxième naissant un peu affaiblie vers les quatre cinquièmes de la base, presque parallèle à la précédente ou plutôt un peu plus sensiblement courbée en dehors jusqu'à son union avec la première, graduellement plus saillante dans ce point, puis prolongée en ligne droite, dans la direction de l'angle sutural, jusqu'aux cinq sixièmes de la longueur, passant aux trois cinquièmes de la largeur vers le milieu de la longueur : la troisième, naissant, affaiblie, presque de l'angle huméral, prolongée un peu plus longuement que la deuxième et d'une manière presque parallèle au bord externe : la quatrième constituant la tranche marginale : celle-ci visible quand l'insecte est vu perpendiculairement en dessus ; repli rugueux, un peu plus large dans son milieu que l'espace compris entre la deuxième côte et la marginale. *Dessous du corps* assez finement ponctué. *Pieds* granuleux.

Patrie : l'Orient.

Cette espèce est destinée à rappeler le souvenir de feu M. Solier, dont la science déplore la perte récente.

12. Sclerum fossulatum.

Long. 0,0039 (1 3/4 l.) larg. 0,0017 (3/4 l.).

Corps noir, mais encroûté ordinairement de matières terreuses d'un gris cendré. *Tête* finement ponctuée ; chargée de

quatre saillies ou espèces de tubercules disposés en ligne transversale un peu arquée en arrière : chacun des externes, naissant
au bord antérieur des yeux, arqué en dedans, prolongé jusqu'à
la partie antérieure des joues : les deux intermédiaires, ponctiformes, un peu plus postérieurs, sur le front. *Prothorax* bis-
subsinueusement tronqué en devant ; rétréci d'avant en arrière
en ligne peu courbe ou presque droite ; bissinueusement en arc
assez fortement dirigé en arrière à la base ; convexe ; marqué de
points donnant chacun naissance à un poil livide jaunâtre, court,
brillant ; marqué de quatre fossettes formant une rangée arquée
en arrière et parallèle à la base : les fossettes externes situées
vers les deux tiers de la longueur ; offrant plus antérieurement
quatre fossettes moins marquées, constituant une rangée parallèle
à la précédente : les externes, allongées, aboutissant à la sinuosité
postoculaire : les médiaires, ponctiformes, au tiers de la longueur. *Elytres* parallèles jusqu'aux trois cinquièmes, subarrondies postérieurement ; médiocrement convexes ; garnies de
poils d'un livide jaunâtre brillant ; à stries fortement ponctuées.
Intervalles granuleux ; alternativement plus saillants : le sutural
et le troisième, plus fortement à leur partie postérieure : le troisième, prolongé presque jusqu'à l'extrémité, lié au septième, en
enclosant les quatrième à sixième. *Dessous du corps* et *pieds*
ponctués ou finement granuleux, et garnis de poils d'un livide
jaunâtre.

PATRIE : la Caramanie.

13. **Phaleria nigriceps.**

Long. 0,0059 (2 2/3 l.).

Tête noire ; ponctuée : labre, *palpes* et *antennes*, d'un livide
testacé ou d'un roux testacé livide : les dernières légèrement
obscures vers l'extrémité. *Prothorax* plus finement ponctué que
la tête ; étroitement rebordé sur les côtés, plus légèrement à la

base et plus étroitement dans le milieu de celle-ci ; rayé, vers
chaque quart externe de la base, d'une ligne longitudinale à peine
avancée jusqu'aux deux tiers de sa longueur ; entièrement d'un
livide testacé ou d'un roux testacé livide. *Elytres* de même couleur ; parsemées de taches ponctiformes obscures ; à neuf stries
étroites, marquées de points peu apparents. Intervalles imperceptiblement pointillés et marqués de points plus apparents, petits
et assez rapprochés. *Dessous du corps* d'un noir brun brûlé,
avec les côtés de l'antépectus, et moins distinctement quelques
parties des côtés du ventre, d'un roux testacé livide. *Pieds* de
cette dernière couleur ; aspèrement ponctués : base des cuisses
obscure.

Patrie : la Caramanie.

14. Hediphanes angulicollis.

Long. 0,0135 à 0,0157 (6 à 7 l.).

Corps entièrement noir ; mat en dessus. *Tête* couverte de
points très-rapprochés, en partie cycloïdes ; transversalement
marquée après les yeux de points moins rapprochés, séparés
par des intervalles imperceptiblement pointillés : cette partie formant une sorte de bande transversale différemment ponctuée et
parfois légèrement saillante, surtout chez le ♂. *Antennes* prolongées jusques un peu après les angles postérieurs du prothorax
(♀), un peu plus longuement (♂) ; à neuvième et dixième articles obconiques, plus longs que larges (♂), aussi larges que
longs (♀). *Prothorax* plus large que long et d'une manière plus
marquée (♀) ; élargi en ligne à peu près droite jusqu'aux trois
cinquièmes (♂) ou un peu plus (♀) des côtés, anguleux vers
ce point, rétréci ensuite et à peine aussi large ou moins large
aux angles postérieurs qu'aux antérieurs ; rebordé à la base et
sur les côtés, relevé en rebord à ceux-ci ; peu convexe ; ponctué

et presque réticuleusement sur les côtés. *Ecusson* en triangle plus large que long ; lisse. *Elytres* à peine plus larges en devant que le prothorax ; offrant vers la moitié de leur longueur leur plus grande largeur ; en ogive obtuse postérieurement ; munies d'un rebord plane, graduellement moins étroit en se rapprochant de l'angle sutural ; convexes ; à neuf rangées striales de points linéaires, moins indistincts postérieurement sur les côtés. Intervalles planes assez finement et peu densement ponctués. *Dessous du corps* moins mat ou faiblement luisant ; couvert de points gros et confluents sur la poitrine, moins grossièrement ponctué sur le ventre. *Prosternum* prolongé en forme de dent assez longue. *Pieds* marqués de points plus petits et plus épais sur les jambes que sur les cuisses, et donnant chacun, comme ceux du dessous du corps, naissance à un poil noir couché et peu apparent.

Patrie : la Caramanie.

15. Lydus maculicollis.

Long. 0,0146 (6 1/2 l.). Larg. 0,0045 (2 l.)

Tête ponctuée ; noire ; hérissée de poils de même couleur. *Antennes* en partie submoniliformes ; à premier article, noir : le deuxième, fauve : les suivants, bruns. *Palpes* bruns ou d'un brun noir. *Prothorax*, d'un roux testacé ; orné d'une tache noire couvrant un peu plus des deux tiers médiaires de la base, bidentée en devant, avancée jusqu'au milieu de la longueur ; creusé, au devant de la partie médiaire de la base, d'une dépression qui fait paraître cette partie relevée en rebord ; marqué de points assez gros, inégalement et peu rapprochés, plus visibles sur la tache noire ; imponctué sur la ligne médiane ; lisse, parcimonieusement garni de poils noirs. *Ecusson* noir ; en triangle plus long que large, sinueux sur les côtés, subarrondi à l'extrémité ; déprimé après son milieu; ponctué. *Elytres* ruguleusement pointillées ; chargées chacune de deux nervures longitudinales étroites et légères , naissant souvent peu distinctement de la base , prolongées presque jusqu'à l'extrémité : la première, d'abord au cinquième, puis au sixième interne de la largeur : la deuxième, aux deux cinquièmes ou un peu plus; noires ou d'un noir brûlé, ornées chacune d'une bordure d'un roux testacé, naissant au côté de l'écusson dont elle a dans ce point toute la longueur, transversalement prolongée le long de la base; égale, sur les côtés, aux deux cinquièmes externes un peu après le calus, deux fois rétrécie presque à angle droit jusqu'au quart de la longueur, subparallèlement égale ensuite au huitième ou au septième de la largeur, prolongée jusqu'à l'angle sutural. *Dessous du corps* et *pieds* noirs ou d'un noir bleuâtre.

Patrie : la Caramanie.

Obs. La tache noire de la base du prothorax semble formée de la réunion de deux taches qui parfois peuvent être séparées.

16. Zonitis puncticollis.

Zonitis puncticellis Chevrolat , in Collect.

Long. 0,0090 (4 l.). Larg. 0,0022 (1 l.(

Tête garnie d'un duvet clair-semé ; fortement ponctuée ; bleue ou d'un bleu vert, métallique. *Antennes* et *Palpes* noirs. *Prothorax* marqué de points petits et peu rapprochés ; d'un rouge testacé, paré sur son disque d'une tache irrégulièrement presque carrée ou suborbiculaire, d'un bleu vert ou d'un vert bleu, couvrant au moins la moitié médiaire de la largeur. *Ecusson* d'un noir bronzé; rayé dans son milieu d'une ligne légère. *Elytres* d'un beau vert, soyeux. *Dessous du corps* garni d'un duvet cendré peu épais ; d'un noir verdâtre : deux derniers arceaux du ventre d'un rouge testacé. Cuisses de cette dernière couleur, avec la base et les genoux d'un noir verdâtre. Jambes et tarses noirs.

Patrie : la Caramanie.

Obs. Suivant M. Chevrolat, ce serait probablement la *Zonitis festiva* du catalogue Dejean.

17. Xylopertha sericea.

Long. 0ᵐ,0064 (2 7/8 l.) Larg. 0ᵐ,0022 (1 l.)

Corps cylindrique. *Tête* perpendiculaire; noire; finement ponctuée; rayée entre les yeux d'une ligne transversale, presque en forme d'accolade; chargée sur le vertex de trois tubercules : deux, ponctiformes, transversalement situés l'un à côté de l'autre : le troisième longitudinal, placé au devant, moins apparent. *Palpes* et *Antennes* d'un rouge testacé; ces dernières à premier et deuxième articles plus longs que les cinq suivants réunis, à massue près de trois fois aussi longue que les sept premiers articles : le huitième, plus court que le dixième et un peu plus long que le neuvième. *Prothorax* un peu plus large que long; presque carré; faiblement élargi jusqu'à la moitié, presque parallèle postérieurement; tronqué et muni d'un rebord très-étroit et plus inférieur, à la base; convexe; brun ou d'un brun noir; garni de poils fins et peu apparents ; finement ponctué dans sa seconde moitié, graduellement plus râpeux d'arrière en avant sur la moitié antérieure et sur la partie déclive. *Ecusson* petit; presque carré; cendré; pubescent. *Elytres* parallèles; convexes, avec le tiers postérieur obliquement déclive; d'un brun châtain; très étroitement rebordées à la base et sur les côtés; à calus huméral saillant; finement pointillées; garnies d'un duvet gris cendré, graduellement plus épais d'avant en arrière; rebordées à la partie postérieure de la partie déclive, et sensiblement relevées à la suture sur celle-ci; offrant chacune sur la dite partie déclive, et près de la périphérie, deux saillies en forme de dents émoussées ou de lignes courtes : l'une, près de la suture : l'autre vers la moitié du côté externe. *Dessous du corps* d'un brun châtain; pubescent.

Patrie : la Caramanie.

18. Phytœcia puncticollis.

Long. 0,0067 (3 l.) Larg. 0,0015 (2/3 l.).

Corps allongé. *Tête* revêtue en devant d'un duvet épais et assez long d'un flave pâle; glabre, d'un noir ardoisé et densement ponctuée sur sa partie postérieure. *Palpes* noirs. *Yeux* très-profondément échancrés, presque divisés. *Antennes* aussi longuement prolongées que le corps; noires ou d'un noir ardoisé. *Prothorax* subcylindrique; d'un quart plus long que large; assez faiblement rebordé en devant et à la base; d'un noir ardoisé; couvert de points confluents près d'une fois plus gros que ceux de la tête et séparés par des intervalles très-étroits. *Ecusson* ardoisé; garni de poils cendrés peu épais et parfois usés. *Elytres* tronquées obliquement chacune à l'extrémité, en formant un angle rentrant à la suture; ardoisées ou d'un noir ardoisé; garnies de poils livides peu apparents; faiblement relevées en rebord à la suture; couvertes de points confluents, presque carrés, non sériément disposés, séparés par des intervalles imperceptiblement pointillés. *Dessous du corps* noir ou d'un noir ardoisé; garni sur la poitrine de poils blancs. *Pieds* noirs ou d'un noir ardoisé; trois cinquièmes antérieurs de toutes les cuisses, moins les genoux des postérieures et jambes de devant d'un rouge jaune.

Patrie : la Caramanie.

19. Galleruca costalis.

Long. 0,0056 (2 1/2 l.). Larg. 0,0030 (1 1/2 l.).

Tête d'un livide testacé, ornée à sa partie postérieure d'un bandeau noir; rayée d'une ligne longitudinale médiaire; marquée sur le milieu du front d'une impression ou ligne transversale courte; notée postérieurement à partir de celle-ci d'une tache obtriangulaire brune ; ponctuée sur la partie postérieure à cette impression, jusqu'au bandeau noir, presque lisse et parcimonieusement garnie de poils livides, en devant. *Yeux* d'un gris noir. *Antennes* d'un livide testacé sur les deux ou trois premiers articles, d'un brun testacé postérieurement; parcimonieusement garnies de poils, ou presque glabres sur les deux premiers articles, assez densement recouvertes sur les six ou sept derniers. *Palpes* d'un livide testacé, à dernier article obscur. *Prothorax* un peu plus d'une fois plus large que long; d'un livide testacé : subobsolètement ponctué; marqué, près des côtés, de taches à peine moins claires, presque dartriformes. *Ecusson* obtusément arrondi à son extrémité; d'un livide testacé. *Elytres* de la même couleur; marquées de petites taches noirâtres, de grandeur et de nombre variables : 1° sur le calus : 2° entre celui-ci et la suture : 3° à partir des trois cinquièmes de la longueur; chargées, à partir du côté externe du calus, d'une côte longitudinale prolongée jusqu'aux six septièmes de la longueur, subparallèlement au bord externe; marquées de points obscurs. *Dessous du corps* noir sur les parties pectorales, sur la base du premier arceau et sur les côtés des autres, d'un livide testacé sur le reste du ventre. *Pieds* de cette dernière couleur : cuisses, marquées dans le milieu d'une tache obscure.

Patrie : la Caramanie.

20. **Pachnephorus bistriatus.**

Pachnephorus bistriatus Chevrol. in Collect.

Long. 0,0035 (1 1/2 l.) larg. 0,0015 (2/3 l.).

Corps bronzé. *Tête* ponctuée et garnie de poils squammiformes ou de petites écailles blanches plus développées sur la partie postérieure. *Prothorax* subcylindrique ou à peine renflé dans son milieu; muni à la base d'un rebord étroit; marqué, en devant et sur un espace obtriangulaire prolongé jusqu'au milieu, de sortes de points allongés ou lignes longitudinales courtes; couvert sur le reste de sa surface de points plus gros, plus larges que longs : ceux des côtés donnant naissance à de petites écailles blanches. *Ecusson* assez petit; ovalaire; rayé d'une ligne médiane. *Elytres* creusées d'une fossette humérale assez prononcée; marquées de points presque sériément disposés, assez gros à la base, petits et plus légers vers le milieu : rayées d'une strie naissant de la fossette humérale et prolongée jusqu'aux deux septièmes de la longueur; parées de petites écailles blanches formant sur chacune d'elles divers dessins : 1° une bordure externe couvrant la base depuis l'angle huméral jusqu'à la fossette humérale, couvrant tout le côté externe jusqu'à l'extrémité de la strie, rétrécie presque à angle droit à partir de ce point et réduite à trois ou quatre rangées longitudinales de petites écailles : 2° une tache subarrondie située, sur le disque, à l'extrémité de la strie : 3° deux taches subarrondies, formant avec leurs semblables une rangée transversale un peu avant les deux tiers de la longueur : 4° une tache plus postérieure avancée jusqu'au milieu des deux précédentes avec lesquelles elle se lie souvent : 5° une double rangée parallèle à la suture, située du quart au tiers de la largeur, sur le dernier quart de la longueur. Poitrine et *Pieds* garnis de poils squammiformes blancs.

PATRIE : la Caramanie.

12

NOTE

POUR SERVIR A L'HISTOIRE

DES ANTHRAX

(INSECTES DIPTÈRES),

SUIVIE

DE LA DESCRIPTION DE TROIS ESPÈCES DE CE GENRE,

NOUVELLES OU PEU CONNUES,

Par E. MULSANT.

(Présentée à l'Académie des sciences, belles-lettres et arts de Lyon ,
le 17 février 1852)

Les Anthrax forment , en Europe, un genre nombreux , que
les contrées méridionales de cette partie du monde promettent
d'enrichir encore. Cependant malgré le peu de rareté d'un certain
nombre d'espèces , malgré le privilége qu'ils ont d'attirer l'attention par leur élégance et surtout par la parure singulière de leurs
ailes souvent en demi-deuil , la vie évolutive de ces insectes est
encore peu connue. Latreille seul a dit quelques mots de leur
pupe, en se demandant si, par hasard , la larve ne serait pas
parasite ([1]). Je viens d'obtenir la preuve de la confirmation de
ces soupçons : un entomologiste du midi, M. Roux, m'a envoyé
une *A. flava*, MEIG. , sorti, en juillet, de la chrysalide de

---

([1]) Larva parasitica? pupa nuda, incompleta, spinosula, annulata.
LATREILLE, Genera t. 4. p. 307.

l'*Argiopis aprilina*, Linn. La larve de ce Diptère, dont l'œuf avait probablement été déposé dans la chenille, après avoir dévoré la nymphe du Lépidoptère ci-dessus désigné, a passé l'état de repos précédant son développement complet dans une pupe dont voici la description.

Pupe rapprochée par sa forme de la chrysalide des Lépidoptères diurnes. *Tête* hémisphérique; d'un livide grisâtre; longitudinalement sillonnée entre les parties correspondant aux yeux; offrant en devant quatre saillies brunâtres : la première, la plus prononcée, située au milieu de la partie la plus avancée, transversale, brièvement bidentée et sinueuse en dehors de chacune de ces petites dents : les deuxième et troisième, plus petites, transversalement situées au dessous de celle-ci et plus en dehors, triangulairement disposées avec la première : la quatrième, plus inférieure, servant d'étui à la trompe. *Thorax* d'un livide grisâtre; paraissant presque d'un seul segment (le mésothoracique) : les prothorax et métathorax très-courts, et visibles seulement sur les côtés du dos. Ailes inférieurement et postérieurement dirigées, un peu détachées du corps qu'elles embrassent, presque contiguës sur la poitrine; brunâtres à leur extrémité; voilant en grande partie les pieds; dépassées par l'extrémité des postérieurs qui se détachent du corps. *Abdomen* de neuf segments; d'un testacé livide : le premier, orné en dessus d'une rangée transversale de longs poils, renflés après leur origine et moins sensiblement à l'extrémité, symétriquement disposés à leur base : cette rangée, interrompue dans son milieu par des franges subécailleuses : les deuxième à septième segments garnis chacun sur le dos d'une rangée transversale de franges semblables : le huitième, armé de chaque côté de la ligne médiane de trois dents dont les extérieures rudimentaires : le neuvième, armé à son extrémité de quatre dents : les supérieures plus fortes, bifides ou géminées : les sept premiers, pourvus de chaque côté d'un masque stigmatique, arrondi, frangé : les huit premiers, garnis latéralement d'une rangée oblique de longs poils et inférieurement d'une rangée transversale de poils semblables.

Suit la Description de trois espèces nouvelles ou peu connues de ce genre.

A. Ailes à trois cellules sous-marginales (¹).

Anthrax interrupta.

Atra ; abdomine subsquammoso fasciis duabus albis : posticâ interruptâ. Thorace antice et lateribus abdominisque lateribus anticis pilis flavo-testaceis hirtis. Alæ hyalinæ : margine costali , flavo-testaceâ, ab-breviatâ.

Long. 0,0135 (6 l.) larg. 0,0315 (14 l.).

♀ *Trompe* un peu saillante. *Face* proéminente; d'un jaune roussâtre; garnie de poils noirs, clair-semés, courts, comme usés, peu apparents. *Antennes* noires, à premier article et partie du deuxième d'un jaune fauve : le troisième, allongé. *Front* luisant, noir, hérissé de poils de même couleur. *Yeux* d'un noir brun, à reflets plus ou moins apparents d'un bronzé doré. *Thorax* noir; hérissé, sur le prothorax, sur la partie antérieure du mésothorax et les côtés de celui-ci jusqu'à l'origine des ailes, sur les côtés du métathorax, de poils d'un jaune testacé; garni sur le dos d'un duvet en partie squammiforme, couché, comme collé, peu apparent; orné sur les côtés du mésothorax et à la partie postérieure de l'écusson, de poils criniformes ou soies, noirs. *Abdomen* noir, luisant, garni de petites squammules noires ; orné de deux bandes transversales d'un beau blanc,

(¹) Ces deux premières espèces, en raison de leurs antennes offrant le troisième article allongé, rétréci de la base à l'extrémité, et de leurs ailes à trois cellules sous-marginales, pourraient former une nouvelle coupe générique sous le nom de *Trinaria*. Les autres espèces qui présentent les mêmes caractères ont en général, comme celles-ci , la trompe saillante et la face bombée.

également formées de squammules : l'antérieure, couvrant la
moitié antérieure du deuxième segment : la postérieure, couvrant la moitié antérieure du quatrième segment, interrompue
au moins dans son tiers médiaire : côtés du premier segment
hérissés de poils d'un jaune testacé : les suivants garnis de poils
noirs. *Dessous du corps* noir : côtés du médipectus hérissés de
poils d'un jaune testacé; deuxième, troisième et quatrième
arceaux du ventre en partie poudrés de squammules blanches.
Ailes à trois nervures sous-marginales ; hyalines, ornées d'une
bande longitudinale testacée, prolongée le long de la côte depuis
la base jusqu'à l'extrémité de la cellule médiastine, étendue jusqu'à la nervure externo-médiaire, couvrant la base de la première cellule sous-marginale et beaucoup moins brièvement celle
de la cellule marginale. Nervures interno-médiaire et anale, de
même couleur. *Pieds* noirs.

Patrie : les environs de Grasse (Var).

Anthrax squamea.

Nigra, squamea ; facie frontisque parte anticâ argenteis. Prothorace
testaceo-hirto. Abdominis segmentis secundo et tertio anticè albo-fas-
ciatis, quarto, quinto et sexto posticè argenteo-marginatis. Alis
hyalinis, nervis mediastinis testaceis.

Long. 0,0078 (3 1/2 l.) larg. 0,0180 (8 l.).

Suçoir saillant, aussi longuement avancé que l'extrémité des
antennes; d'un noir brun. *Face* un peu avancée; écailleuse;
brillante, d'un blanc d'étain ou presque d'argent; garnie de poils
obscurs. *Joues* d'un jaune pâle. *Antennes* testacées; à troisième
article obscur en dessous, conique, terminé en pointe. *Front*
d'un blanc d'étain ou d'argent à sa partie antérieure, d'un noir
brillant postérieurement; garni de poils obscurs. *Yeux* bruns.
Bord postérieur de la tête écailleux, d'un blanc d'argent azuré.
Thorax noir, garni de petites écailles en majeure partie brunes,

mais d'un blanc d'argent azuré à l'extrémité du métathorax et
sur l'écusson ; hérissé sur le prothorax de poils testacés ; garni
d'une touffe de poils semblables, au devant et un peu au dessous
de l'origine des ailes ; paré, sur les côtés du dos du métathorax,
d'une bande longitudinale d'un duvet blanc, postérieurement
raccourcie ; orné sur les côtés du métathorax d'une touffe de poils
blancs. *Abdomen* noir ; garni de petites écailles brunes, luisantes : bord antérieur du deuxième segment, orné d'une bordure ou bande étroite d'un blanc jaunâtre ou d'un jaune pâle :
bord antérieur du troisième segment paré d'une bordure blanche,
aussi étroite, formée de même par de petites écailles : bord
postérieur des quatrième, cinquième et sixième anneaux, écailleux,
d'un blanc d'argent azuré : côtés du premier anneau parés d'une
touffe de poils blancs. *Ventre* noir, garni d'écailles d'un blanc
d'argent azuré, disposées en forme de bandes transversales presque
contiguës. *Pieds* noirs. *Cuillerons* blanchâtres. *Balanciers*
flavescents. *Ailes* à trois cellules sous-marginales ; hyalines :
nervures médiastines testacées : nervures suivantes de même
couleur à la base.

PATRIE : les environs de Fréjus (Var).

AA. Ailes à deux cellules sous-marginales.

Anthrax capitulata.

*Nigra. Prothorace cinereo-hirto. Abdominis segmentis ultimis lateribus-
que secundi et tertii niveo-squammosis. Alarum tertiâ parte basali,
margine costali, maculâ submediâ punctisque duobus fuscis : parte
basali maculis pallidis.*

Long. 0,0084 (3 3/4 l.) larg. 0,0214 (9 1/2 l.).

Suçoir non saillant ; brun. *Face* non avancée ; cendrée ; hérissée de poils noirs assez longs et assez épais ; offrant au dessous
des antennes un espace en forme d'accent circonflexe, cendré,

dénudé. *Antennes* noires; à troisième article subsphérique,
bulbeux, déprimé; à style terminé par une touffe de poils.
Front cendré ou cendré bleuâtre; hérissé de poils noirs. *Yeux*
bruns. *Bord postérieur de la tête* d'un cendré bleuâtre ou cendré
ardoisé; parcimonieusement poudré de petites écailles blanches.
Thorax d'un noir brun mat; hérissé de poils cendrés sur le prothorax; hérissé de poils semblables sur les côtés du mésothorax
jusqu'à l'origine des ailes; garni de longs poils noirs latéralement
sur le dos du mésothorax et vers la partie postérieure de l'écusson; comme poudré, sur les mêmes parties, de poils blancs,
courts, frisés, peu épais. *Abdomen* noir, orné d'une touffe de
poils d'un blanc cendré, sur les côtés du premier anneau; hérissé, sur les côtés des segments suivants, de poils noirs, assez
raides et dirigés en arrière; garni, en dessus, de poils de même
couleur, moins grossiers; paré de poils blancs squammiformes:
1° en petit nombre sur le bord postérieur du premier segment :
2° sur chaque quart externe de la moitié postérieure du deuxième
anneau : 3° sur le sixième externe du troisième : 4° sur les derniers segments à partir du bord postérieur du cinquième, moins
toutefois la partie longitudinalement médiaire. *Ventre* d'un noir
brun; parcimonieusement poudré de poils blancs subsquammiformes. *Cuillerons* blanchâtres. *Balanciers* bruns, marqués d'une
tache subponctiforme blanche, à la partie postéro-externe de leur
bouton. *Ailes* à deux cellules sous-marginales; hyalines, avec
leur tiers basilaire, une bordure costale, une tache médiaire et
deux points, bruns : la bordure costale couvrant jusqu'à la nervure médiastine interne, en laissant de couleur hyaline l'extrémité de ladite cellule, cette bordure confondue avec la partie
basilaire brune : celle-ci, offrant des taches moins obscures,
avancée seulement jusqu'à la moitié des cellules axillaire et anale,
limitée par la base de la quatrième cellule postérieure, d'où elle
se dirige en ligne presque droite ou peu arquée vers la bordure
costale : la tache, couvrant les nervures transversales formant

la base des cellules sous-marginales et première postérieure,
avancée presque jusqu'à la bordure costale dont elle reste isolée :
les points, situés : l'un, à la base de la sous-marginale postérieure : l'autre, à celle de la troisième cellule postérieure.

Patrie : le midi de la France.

Obs. Elle a beaucoup d'analogie avec l'*Anth. leucogaster*
Meig. (Syst. Beschr. 2 p. 163. 34. pl. 17. f. 21) dont cet
auteur paraît n'avoir décrit que des individus en partie déflorés.
Elle paraît cependant en différer par la partie colorée des ailes
plus foncée, c'est à dire brune et marquée de taches moins obscures, par le bouton des balanciers en grande partie brun ; par
le ventre non hérissé de poils blancs, etc.

DESCRIPTION

D'UNE

NOUVELLE ESPÈCE D'HARPALE,

Par E. MULSANT.

(Présentée à la Société Linnéenne de Lyon , le 9 février 1852.)

Harpalus punctipennis.

Oblongus ; niger , nitidus, antennarum articuli primi apice et sequen-
tibus plerumque rufo-testaceis ; thorace lineâ longitudinali mediâ,
posticè utrinque foveolato, foveis et angulis posticis rectis punctatis.
Elytris posticè subsinuatis , striatis. Interstitiis 3 vel 5-9 sat densè
punctatis.

Long. 0,0112 à 0,0115 (5 à 5 1/8 l.) larg. 0,0042 à 0,0045 (1 7/8 à 2 l.).

Corps oblong ; d'un noir luisant. *Tête* lisse, imperceptiblement pointillée ; rayée d'une suture frontale ; marquée de deux
fossettes ou points allongés , situés chacun vers le quart externe
de la suture frontale, et postérieurement à celle-ci. *Palpes* bruns,
avec l'extrémité de chaque article et la moitié du dernier, d'un
rouge testacé. *Antennes* à peine aussi longuement prolongées
que l'extrémité du prothorax ; à premier article brun , avec
l'extrémité d'un rouge ferrugineux : les suivants, pubescents,
ordinairement d'un rouge testacé, avec les derniers plus pâles,
quelquefois bruns ou d'un brun testacé. *Prothorax* peu fortement
échancré en arc en devant ; élargi en ligne courbe jusqu'au tiers

environ des côtés, rétréci ensuite en ligne droite ou peu distinctement sinueuse; non émoussé aux angles postérieurs qui sont
rectangulairement ouverts; à peine plus large à ceux-ci qu'aux
antérieurs; coupé en arc faible à la base; d'un cinquième plus
large à cette dernière que long dans son milieu; peu convexe;
marqué d'un arc ou d'un angle dirigé en arrière, naissant du
bord antérieur, près des angles de devant, et prolongé sur la
ligne médiane jusqu'aux deux septièmes de la longueur; rayé, à
partir de ce point, d'une ligne longitudinale médiaire prolongée
jusqu'à la base; lisse ou imperceptiblement pointillé sur la majeure partie de sa surface; offrant souvent de légères rides,
surtout près du bord antérieur; marqué, vers chaque quart
externe de la base, de deux fossettes avancées jusqu'au tiers
postérieur de la longueur : ces fossettes ponctuées; noté, sur la
seconde moitié des bords latéraux, de points semblables, couvrant un espace élargi d'avant en arrière, et se réunissant à la
base avec ceux des fossettes. *Ecusson* petit; imponctué. *Elytres*
un peu plus larges en devant que le prothorax à ses angles postérieurs; subparallèles ou faiblement élargies jusqu'aux quatre
septièmes, coupées obliquement et d'une manière subsinueuse à
leur partie postérieure; peu convexes; à neuf stries, presque
terminales : la quatrième, ordinairement unie postérieurement
avec la sixième, en enclosant la cinquième; offrant, entre la
première et la deuxième, une strie rudimentaire, ordinairement
unie en devant avec la deuxième. Intervalles presque planes ou
subdéprimés : les troisième à neuvième, ou quelquefois seulement les cinquième à neuvième, assez densement ponctués sur
toute leur longueur : les cinquième à premier, ponctués à la
base, sur le sixième de la longueur du cinquième, et d'une manière graduellement plus courte sur les autres : ces mêmes intervalles plus ou moins ponctués à l'extrémité : le neuvième,
marqué de points plus gros. *Dessous du corps* presque lisse.
Cuisses intermédiaires et postérieures, ponctuées près de leur

tranche inférieure. *Jambes* intermédiaires et postérieures aspèrement ponctuées ; garnies de petites épines rousses ainsi que les tarses.

J'ai trouvé cette espèce dans le mois d'août 1850, sur la montagne de Faillefeu (Basses-Alpes), à une assez grande élévation.

EMENDANDA.

Page. 51. *Zygia scutellaris.*

Depuis la publication de cette description, j'ai eu l'occasion de voir d'autres exemplaires de cette espèce chez lesquels les lignes élevées sont aussi inégalement saillantes que chez la *Z. oblonya* ; mais la *Z. scutellaris* se distingue de celle-ci par son corps plus court ; son prothorax peu ou point anguleux sur les côtés ; surtout par la base de ce segment sinueuse ou entaillée au devant de l'écusson, et par la couleur de ce dernier.

Page. 68. Genre *Hymenophorus.* M. Laporte avait créé parmi les Hyménoptères le *G. Hymeniphera* que MM. Amyot et Serville ont cru devoir changer en *Hymenophora* (Hist. nat. des ins. hémipt. p. 212) pour éviter toute équivoque je désignerai sous le nom d'*Hymenorus* la nouvelle coupe que j'ai établie.

Page. 95. ligne 8. Stiretus maculicornis, lisez Stiretrus.

TABLE

DES ESPÈCES DÉCRITES.

"

Diptères.

FIN DE LA TABLE.